스콧이 들려주는 남극 이야기

스콧이 들려주는 남극 이야기

초　판　1쇄 발행일 | 2005년 5월 30일
개정판　1쇄 발행일 | 2010년 9월 1일
개정판 12쇄 발행일 | 2021년 5월 28일

지은이 | 좌용주
펴낸이 | 정은영
펴낸곳 | (주)자음과모음

출판등록 | 2001년 11월 28일 제2001-000259호
주　　소 | 04047 서울시 마포구 양화로6길 49
전　　화 | 편집부 (02)324-2347, 경영지원부 (02)325-6047
팩　　스 | 편집부 (02)324-2348, 경영지원부 (02)2648-1311
e-mail　| jamoteen@jamobook.com

ISBN 978-89-544-2023-5 (44400)

스콧이 들려주는

남극 이야기

| 좌용주 지음 |

(주)자음과모음

| 책머리에 |

백색의 대륙에서 과학 탐험을 꿈꾸는 청소년들을 위한 '남극' 이야기

인간의 손때가 묻지 않은 백색의 대륙, 남극. 남극 대륙은 1900년대 초부터 많은 영웅들이 목숨을 걸고 탐험한 끝에 신비의 베일이 벗겨지고 있습니다. 최근의 과학은 신비롭기만 한 이 얼음 대륙이 지구의 환경 변화에 매우 민감하다는 것을 밝혀냈습니다. 또한, 우리가 사는 곳에서 수천 km나 떨어져 있는 남극의 자연 현상이 우리의 환경에 커다란 영향을 미치고 있다는 사실 역시 마찬가지입니다.

이 이야기는 남극 영웅 시대를 화려하게 수놓았던 과학 탐험 대장 스콧과 함께 떠나는 남극 과학 탐험을 가상으로 엮어 본 것입니다. 스콧 탐험대는 남극점을 정복한 것 외에도 놀라운 과학적 업적을 수없이 남겼습니다. 남극점을 정복하는 것만 해도 쉽지 않은 일이었을 텐데, 기지에 있을 때나 험난한 탐험에 나설 때나 스콧은 과학 연구를 게을리하지 않았습니다. 그 연구들은 세상 사람들이 남극에 대해서 처음으로 알게 된 출발점이 되었습니다.

현재 한국의 과학자들도 남극과 북극에서 연구 활동을 하고 있습니다. 그 결과 남극과 북극 연구에서 한국의 위상은 갈수록 높아져 가고 있습니다.

저는 과거에 한국 남극 하계 연구단으로 네 차례 남극을 방문하였습니다. 그때의 경험을 돌아보고 되살려 가능하면 쉽고 흥미롭게 남극의 이야기를 풀어 쓰고자 하였습니다. 이 책을 읽고 우리 청소년들이 조금이라도 더 남극에 관심을 갖고 쉽게 이해할 수 있기를 바라는 마음 가득합니다.

끝으로 이 책을 출간할 수 있도록 배려해 준 강병철 사장님과 여러 가지 수고를 아끼지 않은 편집부의 모든 식구들에게 감사의 뜻을 표합니다.

좌 용 주

차례

1 첫째 날
남극 체험 탐험에 참가하다 ◦ 9

2 둘째 날
남극으로 가는 길 ◦ 25

3 셋째 날 아침
남극의 지형과 환경 ◦ 39

4 셋째 날 저녁
남극의 기후와 생물은 어떤가요? ◦ 51

5 넷째 날 아침
스콧 탐험대의 마지막 탐험 장소에 이르다 ◦ 65

6 넷째 날 저녁
남극의 얼음은 어떻게 만들어졌나요? ◦ 79

7 다섯째 날 아침
남극의 얼음과 지구의 기후 변화는 어떤 관계가 있나요? ○ 95

8 다섯째 날 저녁
남극과 지구의 환경 오염의 관계는 어떤가요? ○ 109

9 여섯째 날 아침
남극점이란 무엇인가요? ○ 121

10 여섯째 날 저녁
남극의 암석은 어떻게 특별한가요? ○ 137

11 일곱째 날
남극 체험을 마치다 ○ 151

부록

남극에 대해 자주 묻는 질문 ○ 157
과학자 소개 ○ 168
과학 연대표 ○ 170
체크, 핵심 내용 ○ 171
이슈, 현대 과학 ○ 172
찾아보기 ○ 174

첫째 날 1

남극 체험 탐험에 참가하다

남극은 지구의 어느 곳을 말하는 것일까요?
남극의 정의에 대해 알아봅시다.

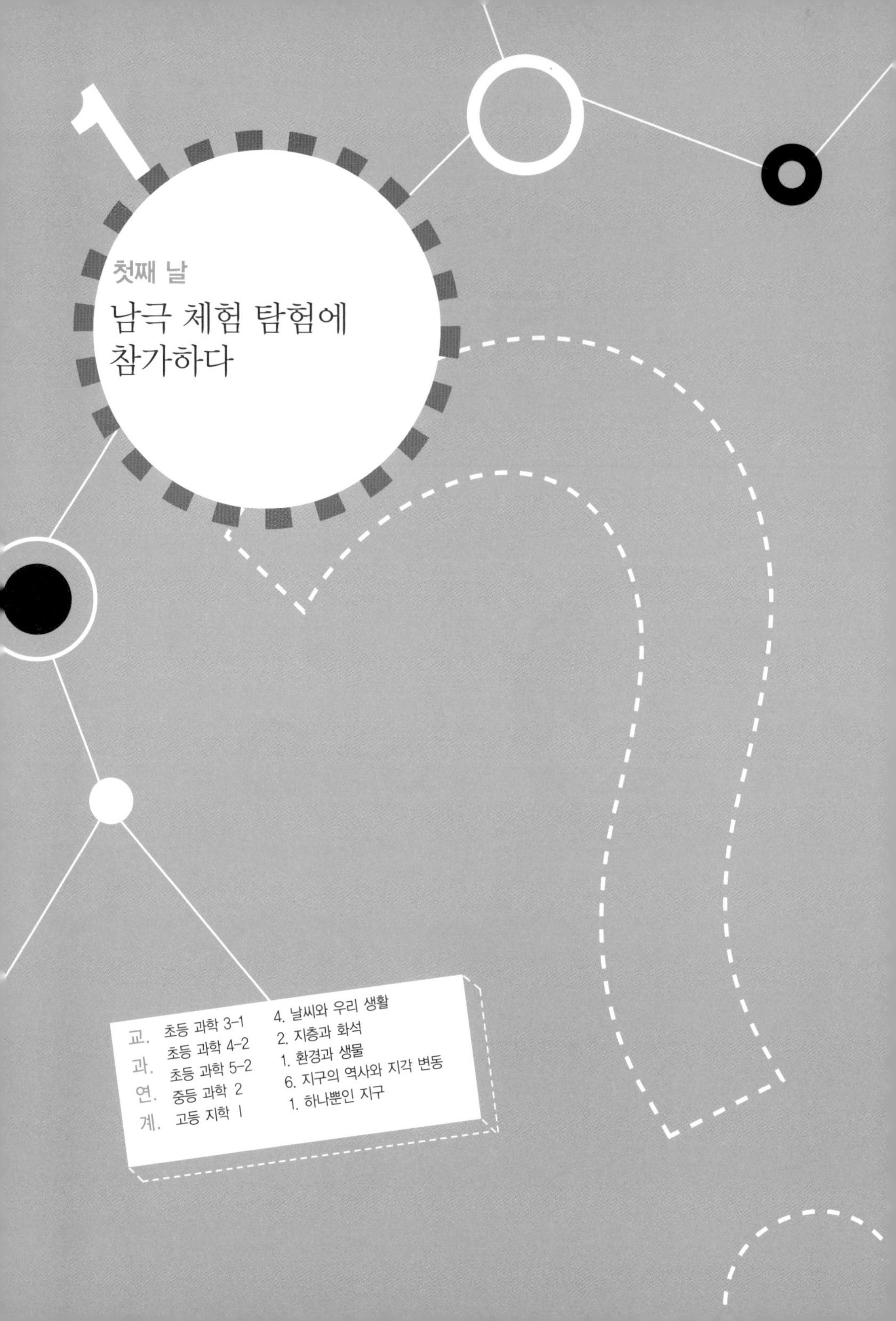

1

첫째 날

남극 체험 탐험에 참가하다

교과 연계

초등 과학 3-1	4. 날씨와 우리 생활
초등 과학 4-2	2. 지층과 화석
초등 과학 5-2	1. 환경과 생물
중등 과학 2	6. 지구의 역사와 지각 변동
고등 지학 I	1. 하나뿐인 지구

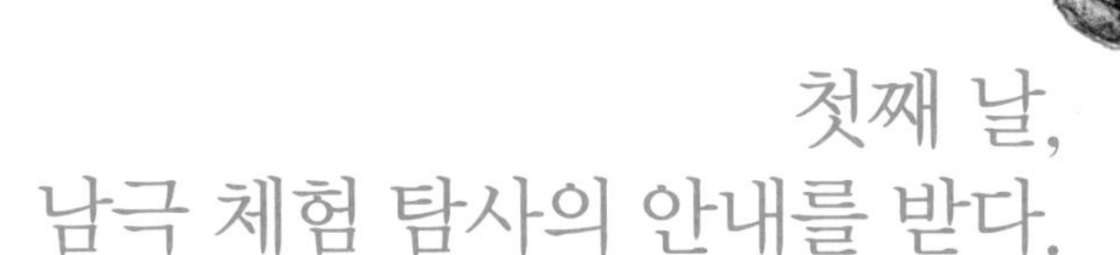

첫째 날, 남극 체험 탐사의 안내를 받다.

나를 포함한 4명의 학생이 가상 체험이란 프로그램에 초청되어 경기도 안산시에 있는 극지 연구소를 방문하였다.

'남극 체험'이란 이름이 붙어 있는 조그마한 방에 들어서자 가운데 둥그런 탁자가 놓여 있었다. 그리고 그 주위에 편안하게 앉을 수 있는 푹신한 의자가 4개 놓여 있었다. 탁자 위에는 3개의 작은 카메라 렌즈가 천장을 바라보고 있었다.

안내자는 우리에게 의자에 앉으라고 말하고는 나가 버렸다. 의자가 너무 편한 탓인지 졸음이 몰려왔다.

"지금부터 여러분을 남극으로 안내하겠습니다. 좋은 시간

보내세요.”

이미 어두워진 방의 어느 곳에선가 소리가 들려왔다. 어둠 속이어서 약간 무서웠지만, 그보다는 지금부터 일어날 일이 더 두려웠다. 전혀 예상할 수 없었다.

갑자기 윙~ 하는 소리가 났다. 그러더니 둥그런 탁자 위의 렌즈에서 불빛이 천장을 향해 솟구쳐 오르면서 이상한 모양이 나타나기 시작했다. 빛이 만들어 낸 완성된 모양은 사람이었다. 깔끔한 해군 제복을 입고 늠름하게 서 있는 장교의 모습이었다.

어둠 속에서 빛으로 나타난 해군 장교는 우리를 바라보며 빙그레 웃었다.

"학생 여러분, 안녕하세요? 나는 여러분을 남극까지 안내할 캡틴 스콧입니다."

와우! 그는 남극점 정복으로 유명한 영국 탐험대의 대장 스콧(Robert Falcon Scott, 1868~1912)이었다. 책에서 사진으로만 보아 왔던 캡틴 스콧이 우리 앞에 서 있었다. 그 유명한 스콧이 우리를 남극까지 안내하다니, 이런 영광은 두 번 다시 우리에게 오지 않을 것이다.

"자, 여러분. 남극을 소개하기 전에 따라 해 보세요."

Arctic, Polar Bear!

(아르크틱, 폴라 베어)

Antarctic, Penguin!

(앤타르크틱, 펭귄)

어눌한 우리 발음을 듣고 캡틴 스콧은 껄껄 소리 내어 웃었다.

"웃어서 미안해요. 발음이 좀 어렵죠?"

수줍어 고개 숙인 우리를 보고 캡틴 스콧은 마냥 즐거운 듯 웃고 있었다.

"지금 여러분이 따라 한 이 말은 서양 어린이들이 남극과 북극을 비교하는 데 종종 사용되는 말이랍니다. 북극에는 북극곰이 살고, 남극에는 펭귄이 살죠. 이렇게 외우면 북극과 남극이라는 단어도 쉽게 익숙해질 거예요."

그렇다. 남극에는 북극곰이 살지 않고, 북극에는 펭귄이 살지 않는다. 이것이야말로 그곳에 살고 있는 생물로 쉽게 알 수 있는 남극과 북극의 차이이다.

"남극은 19세기 말까지 인류에게 '미지의 땅'으로만 알려진 장소였습니다. 그곳이 대륙이라는 사실조차 알지 못했답니다. 그러나 많은 영웅들이 남극을 탐험하게 되면서 그 땅을 더욱 자세하게 알게 된 것입니다. 하지만 아직까지도 남극은 멀고, 위험하며, 사람이 살 수 없는 대륙입니다."

캡틴 스콧의 설명이 이어지면서 체험실 벽면에 숨겨져 있던 렌즈들이 레이저 광선을 내뿜었다. 그리고 캡틴 스콧의 뒤에 커다란 그림을 그리기 시작했다. 곧 남극 대륙의 모습이 뚜렷하게 보이기 시작했다.

"오늘은 남극 탐험의 첫째 날입니다. 그래서 남극에 대한 기본적인 이야기를 하겠습니다. 내 뒤에 있는 남극 대륙의 모습을 보세요. 이 대륙은 한반도의 약 60배에 이르는 커다란 땅이랍니다. 게다가 세계에서 가장 춥고, 가장 높으며, 가

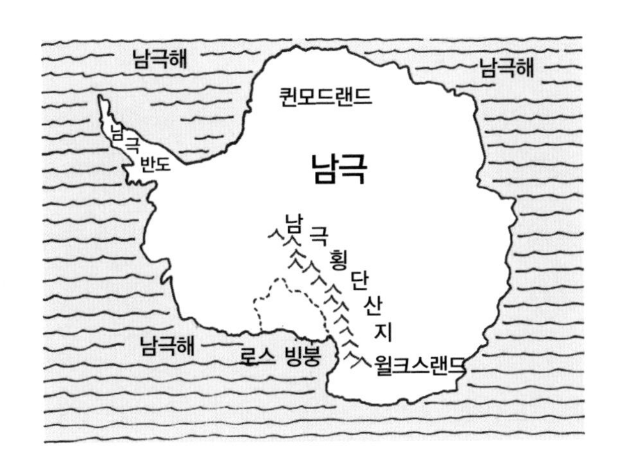

장 거친 대륙입니다. 2%도 채 안 되는 부분을 제외하고는 전부가 얼음으로 덮여 있어요. 전 세계 얼음의 약 90%가 남극에 있답니다."

남극 대륙은 온통 하얗다. 얼음의 땅이다. 갑자기 온몸이 싸늘하게 식으면서 살갗에 닭살이 돋았다. 나아가 남극을 탐험한다는 것이 얼마나 힘들지 짐작이 되면서 눈앞에 서 있는 캡틴 스콧이 더욱 위대해 보였다.

"이 얼음 대륙이 여러분의 눈에는 그저 황량하게만 보이지요? 하지만 이 대륙에서 벌어지고 있는 일들은 수천 km나 떨어져 있는 우리와도 아주 깊은 관계가 있습니다. 왜냐하면 남극 대륙은 지구의 기후와 해양 시스템에 커다란 영향을 주기 때문이죠. 지구와 남극의 관계, 이것이 이번 탐사의 첫 번

째 목적입니다."

지구의 변화에 남극이 결정적인 기능을 한다. 그 사실을 어떻게 확인할 수 있을까? 수천 km나 떨어진 얼음 대륙에서 과연 어떤 일이 일어나고 있는 것일까? 여러 가지 궁금증과 함께 멀게만 느껴지던 남극이 어느새 친근하게 다가오기 시작했다.

"우리는 지금 남극으로 가려 합니다. 우리가 있는 곳에서 남쪽으로 계속 간다면 언젠가는 도착할 수 있지요. 그런데 남극은 정확히 어디를 가리키는 것일까요? 여러분이 보고 있는 남극 대륙만을 남극이라고 하는 것일까요? 아니면 남극 대륙의 주변 바다 역시 남극이라고 말할 수 있는 것일까요?"

남극이 어디냐고 묻다니, 참으로 이상했다. 남극은 대륙이니까 그림에서 보이는 땅이 모두 남극 아닐까? 주변의 바다도 남극이 되느냐는 질문은 더더욱 이상했다.

"남극을 가리키는 것에는 몇 가지 서로 다른 의미가 있습니다. 가장 좁은 의미에서 말하자면 남극은 남극 대륙만을 가리킵니다. 하지만 남극이라는 독특한 환경은 대륙 주변의 차가운 바다를 떼어놓고는 생각할 수 없습니다. 남극을 둘러싸고 있는 지구에서 가장 차가운 바다를 남극해(남빙양)라 부릅니다. 따라서 넓은 의미의 남극은 대륙과 그 주변의 남극해를 모두 포함합니다."

캡틴 스콧의 설명은 계속되었다.

"세계 여러 나라가 남극 보호를 위한 기본 조약을 맺었는데, 그것이 남극 조약입니다. 이 조약에서 남극은 남위 60° 이남의 지역이라고 정의했습니다. 그러니까 남극 대륙과 남위 60°보다 남쪽에 있는 바다와 섬을 모두 합해 남극이라고 부른 것이지요.

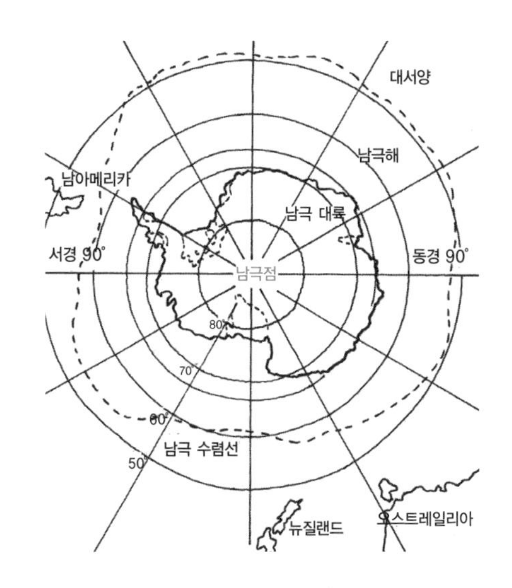

남극해의 위치에 대해서도 여러 가지 의견이 있었답니다. 하지만 1999년에 국제수로기구가 정한 새로운 약속에 따르면, 남위 60° 이남의 바다를 남극해라고 부르기로 했습니다."

남극이라고 말할 때는 남극 대륙과 그 주변의 바다가 포함된다. 이는 우리가 알지 못했던 새로운 사실이었다. 차가운 대륙과 차가운 바다, 그 모두가 남극이라는 사실에 체험실의 공기는 더욱 썰렁해졌다.

"그런데 간혹 남극 수렴선이라는 말이 나옵니다. 남극 대륙

을 둘러싸고 있는 남극해는 차가운 바다로, 그 북쪽의 좀 더 따뜻한 바다들과는 뚜렷이 구별됩니다. 그런데 남극해와 다른 바다들과의 경계는 울퉁불퉁하여 남위 50~60°를 넘나듭니다. 이 경계가 되는 좁은 지역을 남극 수렴선이라 부르는 것입니다. 그러고 보면 남위 60°보다 북쪽의 남극해도 존재하게 되는데, 이 지역은 남극에 해당하지 않게 됩니다. 그래서 남위 50~60°의 바다와 섬은 남극은 아니지만 남극과 비슷한 환경이라는 의미로 아남극이라고 부르고 있답니다."

스콧은 펼쳐진 남극 지도를 가리키며 수업을 계속했다.

"여기 백색의 대륙이 있습니다. 이 대륙의 면적은 1,360만 km^2로 지구 육지의 10%가량을 차지합니다. 그리고 이 대륙의 평균 고도는 약 2,300m로 세계에서 가장 높은 대륙이기도 합니다. 왜 이렇게 높을까요?

여기 남극을 아래위로 자른 단면 그림을 보세요."

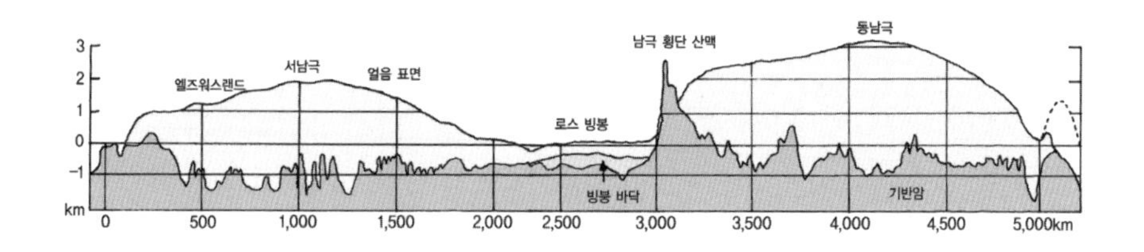

레이저 광선이 캡틴 스콧의 뒤로 또 다른 그림 한 장을 그

리기 시작했다.

“사실 남극 대륙의 땅은 대부분 얼음 아래 숨어 있지요. 대륙의 많은 부분이 평균 2,160m 두께의 얼음에 눌려 있습니다. 남극 대륙이 높은 것은 땅이 높은 것이라기보다 땅 위에 쌓인 얼음이 두껍기 때문이죠. 만약 이 얼음들이 모두 녹는다면 남극의 땅은 위로 솟아오를 테지만, 언제 그런 날이 올지는 예측할 수 없는 일입니다.”

거대한 얼음 덩어리에 억눌려 있는 남극의 땅들이 아주 불쌍하게 보였다. 땅 위의 얼음을 모두 걷어내 버리고 싶은 충동이 생겼다. 언젠가 얼음 아래의 땅이 솟구쳐 오르면 우리는 얼음이 아닌 맨땅 위에 설 수 있을 텐데……. 그러면 남극 탐험이 좀 더 쉬울 텐데……. 그런 날이 언제가 될지 모른다는 사실이 아쉽기만 했다. 다만 우리의 이번 체험 탐사 동안이 아닌 것은 확실하다는 생각이 들었다.

“남극은 커다란 대륙이기 때문에 곳에 따라 지형도 다르게 나타납니다. 과학자들은 남극을 좀 더 자세하게 이해하기 위해 두 부분으로 나누기도 하는데, 남극점을 지나는 본초 자오선을 경계로 하여 동쪽의 동남극과 서쪽의 서남극으로 나눕니다.

이렇게 나누고 보면 동남극은 지형이 높고 두꺼운 얼음층

이 분포하는 데 비해, 서남극은 비교적 지형이 낮고 얼음층도 얇게 나타납니다. 지형뿐만 아니라 동남극이 서남극에 비해 기온도 낮고, 육지의 암석도 더 오래되었다는 사실이 알려져 있습니다.

남극 대륙의 지형이 가진 또 하나의 특징은 대륙의 내부를 아주 거대한 산지가 지나가고 있다는 것입니다. 이것은 총 길이 약 3,500km의 남극 횡단 산지입니다. 과거 남극점을 탐험하던 사람들에게 이 산지는 아주 커다란 위협이었습니다."

남극 횡단 산지가 나오자 스콧의 얼굴이 갑자기 상기되는 듯했다. 무언가 생각나는 것이 있는 듯 보였다. 그것이 무엇인지는 며칠이 지나서야 알게 되었다.

"남극에 대한 간단한 설명은 이 정도로 하죠. 이제 남극으로 떠날 시간이 조금씩 다가오는군요. 그런데 출발하기 전에 우리 모두 준비를 단단히 해야 합니다."

캡틴 스콧 뒤에 펼쳐져 있던 남극 대륙이 서서히 사라지면서 여러 조각의 그림들이 우리 앞으로 다가왔다.

"여러분들 앞에 장갑과 모자, 신발과 고글, 그리고 의복이 놓여 있습니다. 이것들은 모두 특수 제작된 것들입니다. 추위로부터 여러분의 몸을 보호하고, 또 얼음에서 반사되는 강한 태양광과 자외선으로부터 눈과 피부를 보호하기 위해 특

별히 만든 것이지요. 이 장비들은 여러분을 남극의 거친 환경에서 보호하는 데 반드시 필요합니다."

빛으로 만들어진 여러 장비들이 우리 몸을 감싸기 시작했다. 옆에 있는 친구들의 모습은 마치 위대한 탐험가처럼 보였다. 싸늘해져 있던 몸이 서서히 더워지는 느낌이 들었다. 눈보라 치는 빙원에 서 있더라도 견딜 수 있을 자신감이 생겼다.

"잘 짜인 계획과 빈틈없는 준비만이 남극에서 살아남을 수 있게 해 줍니다. 남극은 인간의 섣부른 용기를 허락하지 않습니다. 철저한 준비만이 여러분을 다시 이 장소로 돌아올 수 있게 해 준다는 사실을 명심하기 바랍니다."

캡틴 스콧의 목소리에 긴장감과 작은 떨림이 있었다. 머릿속에 캡틴 스콧이 남극점을 정복하고 돌아오는 길에 대원들

과 함께 맞이했던 장렬한 최후의 모습이 그려졌다.

“철저한 준비만이 생존의 길이다.”

이 한 마디야말로 캡틴 스콧의 뼈저린 경험에서 나온 위대한 진리일 것이다.

그런데 다시 이곳으로 돌아올 수 있다는 말은 무슨 뜻일까? 이 체험은 그저 그런 가상 체험일 뿐이지 않은가? 시간이 지나 방의 불이 켜지면 모든 것이 원래대로일 테고, 되돌아올 수 있든 없든 상관없는 일이지 않은가?

“지금 여러분이 생각하고 있는 것을 말해 볼까요? 여러분은 그냥 호기심으로 남극 체험에 참가했는지 모릅니다. 그러나 지금부터의 체험은 상상과 전혀 다를 것입니다. 여러분은 남극에서 실제로 추위를 느끼고, 험난한 상황을 헤쳐 나가야 할 것입니다.”

모든 참가자들이 어이없다는 표정을 지었다. ‘이건 아닌데’ 싶으면서도 왠지 재미있을 것 같기도 했다. 캡틴 스콧과 한 팀이 된다. 우리는 스콧의 1911년 탐험을 재현할 수 있을까? 그리고 우리는 남극점을 정복한 뒤 무사히 귀환할 수 있을까?

“자, 여러분. 오늘은 여기까지 하고 푹 쉬세요. 내일부터는 매우 힘든 일정이 시작될 것입니다.”

만화로 본문 읽기

안녕하세요. 저는 여러분을 남극까지 안내할 스콧입니다.
와~, 남극점 정복으로 유명한 영국 탐험대의 대장 캡틴 스콧이잖아.

여러분도 알다시피 남극은 인류에게 '미지의 땅' 으로만 알려진 곳입니다. 그러나 많은 영웅들이 남극을 탐험하면서 이젠 자세하게 알게 되었습니다. 하지만 아직까지도 남극은 멀고, 위험하며, 사람이 살 수 없는 대륙입니다.

우리는 지금 남극으로 가려 합니다. 그런데 남극은 정확히 어디를 가리키는 것일까요? 남극 대륙만을 말하는 것일까요? 아니면 남극 대륙의 주변 바다까지를 말하는 것일까요?
웅성웅성

남극이라는 단어에는 몇 가지 의미가 있습니다. 좁은 의미에서는 남극 대륙을 말하지만 남극이라는 독특한 환경을 고려한다면 남극을 둘러싸고 있는 남극해까지 포함해서 남극이라고 말할 수 있습니다.

여러분 앞에 장갑과 모자, 신발과 고글, 그리고 의복이 놓여 있습니다. 이것들은 모두 특수 제작된 장비로 추위로부터 몸을 보호하고, 얼음에서 반사되는 강한 태양빛과 자외선으로부터 눈과 피부를 보호하기 위해 특별히 만든 것이지요.

자, 여러분은 이제 현실과 똑같은 남극 체험을 하게 될 것입니다. 실제로 추위를 느끼고 험난한 상황을 헤쳐 나가야 합니다. 그럼 여러분, 내일을 위해 오늘은 푹 쉬기 바랍니다.
네!

둘째 날 2

남극으로 가는 길

남극은 지구의 어느 지역을 거쳐서 갈 수 있을까요?
남극으로 가는 길을 알아봅시다.

2

둘째 날

남극으로 가는 길

교.	중등 과학 2	6. 지구의 역사와 지각 변동
과.	고등 지학 I	1. 하나뿐인 지구
		2. 살아 있는 지구
연.	고등 지학 II	1. 지구의 물질과 지각 변동
계.		

둘째 날, 남극으로 떠나다.

어제와 같이 참가자 4명이 체험실로 들어섰다. 한 가지 달라진 것은 의자가 바뀌었다는 점이었다. 가벼운 합금 소재로 만들어진 둥근 알 모양이었다. 위에서부터 아래로 문을 여닫을 수 있으며, 문을 닫는 순간 완전히 캡슐이 되어 버렸다.

"여러분, 간밤에는 잘 쉬었나요?"

탁자 위에 스콧의 모습이 빛으로 떠올랐다.

"앉아 있는 곳의 앞을 보면 간단한 전자 계기판이 보일 것입니다. 그곳에서 'C' 버튼을 찾아 누르세요."

버튼을 누르자 캡슐의 문이 위에서 아래로 닫혔다. 그러고

는 정면 모니터에 캡틴의 상냥한 얼굴이 나타났다.

"이제 우리는 남극으로 떠납니다. 한 가지 주의할 점은 앞에 있는 버튼들은 내가 지시하기 전에는 어떤 것이든 누르면 안 됩니다. 어제도 말했듯이 남극은 섣부른 호기심을 용서하지 않습니다."

좁은 캡슐 안이 답답하게 느껴지기 시작할 때쯤, 캡틴의 입술이 살짝 열렸다.

"답답하죠? 지금 계기판에 있는 'T' 버튼을 누르세요."

이 버튼이 무엇인지는 차차 알게 되겠지만 일단은 시키는 대로 하는 도리밖에 없었다. 버튼을 누르자 신기한 일이 벌어졌다. 캡슐의 불투명한 금속판이 서서히 투명하게 바뀌기 시작했다. 캡슐의 앞은 투명하게, 뒤는 불투명하게 보였다. 함께 탐험에 참가한 친구들의 캡슐이 보이고, 탁자 위에 늠름하게 서 있는 캡틴 스콧의 모습도 보였다. 좁은 공간에서의 답답함이 순식간에 사라졌다.

"지금부터 비행에 들어갑니다. 좋은 세상이죠. 내가 탐험할 당시에는 몇 달 동안 배를 타고 험한 바다를 건너야 남극에 도착할 수 있었습니다. 여러분의 부모님 세대에는 비행기를 타고 수십 시간이면 남극까지 갈 수 있었답니다. 하지만 여러분은 캡슐을 타고 남극으로 들어갑니다. 계기판의 'D' 버튼을 누르세요."

버튼을 누르자 캡슐이 덜컹거리기 시작했다. 그러고는 서서히 위로 떠오른다. 어느새 체험실 천장이 양쪽으로 열리기 시작하더니 바깥의 푸른 하늘이 조금씩 펼쳐졌다.

그 순간, 캡슐이 건물 밖으로 튕겨 올라 엄청난 속도로 날아가기 시작했다. 이상한 것은 놀이동산의 롤러코스터와 달리 아찔함도 어지러움도 느껴지지 않는다는 점이었다. 하늘 위에서 내려다보는 지구의 모습은 마냥 아름다웠다. 《아라비안나이트》에 나오는 마법의 양탄자를 탄 느낌이었다.

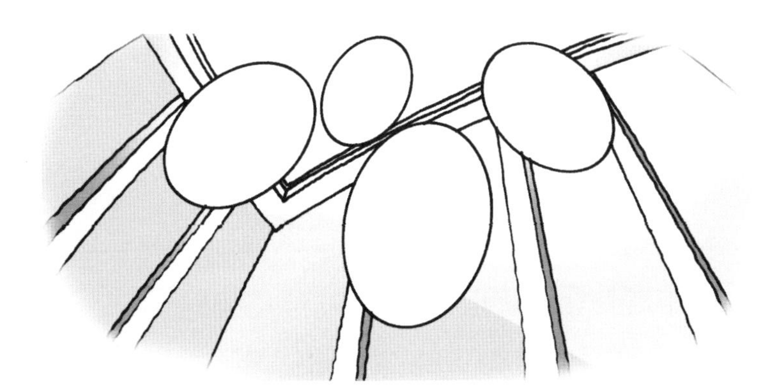

"여러분 아래로 보이는 바다는 태평양입니다. 우리는 한국을 출발해서 남쪽으로 날아가고 있습니다. 보통 비행기라면 수천 km를 비행해야 남극에 도착할 수 있습니다. 하지만 여러분의 캡슐은 수분 내에 남극에 도착할 것입니다."

이건 말도 안 돼! 아직 현대의 과학 기술로는 수천 km를 몇 분 내에 갈 수가 없어. 마음속으로 의문이 들기 시작하자 다시 캡틴의 목소리가 들려왔다.

"여러분, 지금부터의 탐험은 어려운 길이 될 것입니다. 우리 탐험대는 모두 서로를 믿어야 합니다."

투명해진 모니터에 더 이상 캡틴의 얼굴이 떠오르지는 않았다. 혹시나 하고 옆을 돌아보니 캡틴 역시 또 다른 캡슐에 타고 있는 것이 아닌가. 캡틴은 빙긋이 웃으며 검지와 중지를 모은 두 손가락을 이마로 가져갔다. 나도 모르게 대답이 나왔다.

"Yes Sir!"

캡슐은 곧장 남쪽으로 날았고, 어느새 태평양 너머로 커다란 섬 같은 곳이 시야에 들어왔다.

"여러분의 눈앞에 보이는 것은 섬이 아니라 대륙입니다. 오스트레일리아 대륙이죠. 오랜 옛날에는 남극 대륙과 형제였답니다. 지금은 떨어져 있지만요."

오스트레일리아 대륙을 발밑으로 내려다본다는 것이 신기하기만 했다. 캡슐이 서서히 하강하면서 붉은빛이 감도는 황토색 오스트레일리아 대륙이 멀리까지 이어졌다. 그리고 저 멀리에는 검푸른 바다가 이어지고 있었다. 그런데 오스트레일리아와 남극이 형제였다니, 그게 무슨 말일까?

"여러분은 아마 오스트레일리아와 남극이 형제였다는 말에 놀랐을 것입니다. 그러나 사실입니다. 아주 오랜 옛날 지구의 남쪽에는 여러 대륙들이 모여 살았지요. 여러 대륙들이 모여 아주 커다란 초대륙을 만든 것입니다. 지구 과학자들은 그 초대륙에 곤드와나 대륙이라는 이름을 붙여 주었는데, 남극은 곤드와나 대륙의 심장부에 있었어요. 그리고 오스트레일리아는 남극 바로 곁에 있었답니다."

초대륙? 곤드와나 대륙? 처음 듣는 말들이지만 대륙들이 모여 있었다니, 무지 커다란 땅덩어리였다는 것을 짐작할 수

있었다. 그리고 그 중심에 남극, 그리고 그 곁에 지금 캡슐 아래로 보이는 오스트레일리아 대륙이 있었다는 얘기다.

"여러분, 이제 계기판의 'S' 버튼을 누른 다음 제 캡슐을 주목하세요."

S버튼을 누르자 비행하던 우리의 캡슐이 서서히 속도를 줄였다. 캡틴 스콧의 캡슐은 우리 앞을 휙 지나치더니, 하늘을 이리저리 휘젓기 시작했다. 캡틴의 행동이 이상했지만, 나중에야 그 이유를 알게 되었다. 하늘 위에 지도를 그렸던 것이다. 그것도 오스트레일리아 대륙과 남극 대륙의 지도 2장을.

"여러분 앞에 오스트레일리아와 남극 지도가 그려져 있습니다. 어때요, 닮았나요?"

얼핏 닮아 보이기는 했지만, 자세히 보면 전혀 닮은 모습이 아니었다. 오스트레일리아와 남극이 모양이 닮아 형제라고 부르는 것이라면, 이건 아닌 듯했다.

"그래요. 오스트레일리아와 남극이 닮아서 형제라 부르는 것이 아니라, 두 대륙이 원래는 붙어 있었기 때문에 그렇게 부르는 것이랍니다."

요상하게도 캡틴 스콧이 하늘에 그린 두 대륙의 그림은 점점 접근하더니 하나로 합쳐졌다. 그리고 정말 신기하게도 완벽하게 꼭 들어맞았다.

"오랜 옛날, 그러니까 지금부터 약 1억 5000만 년 전까지 오스트레일리아와 남극은 이렇게 붙어 있었지요. 그것도 곤드와나 대륙 안에서 말이죠. 그 뒤로 두 대륙은 점점 멀어졌고, 사실 지금도 조금씩 멀어지고 있지요.

곤드와나 대륙을 이루던 많은 대륙들은 다 떠나 버리고, 남

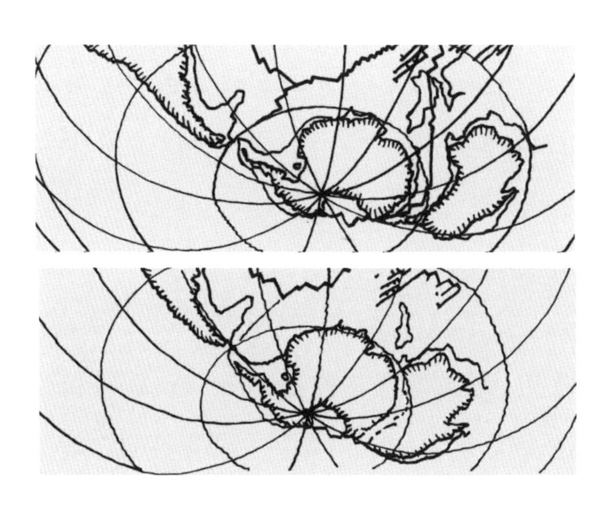

극이 홀로 외로이 남쪽의 극점을 지키고 있답니다. 그러나 언젠가 옛 식구들을 만날 날을 손꼽아 기다리고 있지요. 과학자들은 그런 날이 올 것이라고 믿고 있어요. 어쨌든 지구의 대륙들은 이렇게 붙고 떨어지기를 반복하며 살아온 거예요."

하늘 위에서 희미하게 사라져 가는 두 대륙의 그림이 슬프게만 느껴졌다. 그러나 가슴앓이를 할 여유도 주지 않고 캡틴의 목소리가 다시 들려왔다.

"자, 서둘러야겠네요. 'F' 버튼을 누르세요."

우리의 캡슐은 다시 빠른 속도로 날기 시작했다. 어느덧 오스트레일리아 대륙을 벗어나는가 싶더니, 왼쪽으로 살짝 방향을 바꾸자 아름다운 섬이 2개 나타났다. 뉴질랜드였다.

"여러분, 키아오라(뉴질랜드 마오리 족의 인사말)! 뉴질랜드의 두 섬이 아래에 보입니다. 위치에 따라 북섬과 남섬으로 부릅니다. 남섬에 있는 항구 도시 크라이스트처치는 예나 지금이나 남극으로 들어가기 위한 인간 세계의 마지막 출발지 중 하나입니다."

아마 많은 탐험가들이 인간 세상을 뒤로하고 남극을 향해 출발했을 때 비장한 각오를 했을 것이다. 그리고 저 아래 보이는 항구는 그런 애환이 서린 장소임이 틀림없을 것이었다.

"우리의 첫 번째 목적지가 점점 가까워지는군요. 'S' 버튼과 'L' 버튼을 차례대로 누르기 바랍니다."

저 멀리에 하얀 얼음의 세계가 펼쳐졌다. 눈이 부실 정도였다. 남극 하늘은 먹구름이 잔뜩 끼어 섬뜩한 분위기일 거라고 생각했는데, 전혀 그렇지 않았다. 시리도록 푸른 하늘과 은빛으로 빛나는 빙원의 조화는 무어라 표현하기가 어려웠다.

캡틴이 얘기했던 대로 남극 대륙은 거의 전부가 백색이었다. 조금이라도 얼음과 눈에 덮이지 않은 곳은 눈을 씻고 찾아보아도 보이지 않았다. 대륙의 주변부에 약간 검게 보이는 부분에만 얼음이 없는 것 같았다.

캡슐은 서서히 속도를 줄였다. 오스트레일리아 대륙에 들어서면서 캡슐의 고도가 차츰 낮아졌지만, 'L' 버튼을 누르자 캡슐은 거의 남극해의 바다 표면까지 내려앉는 것이었다.

캡틴 스콧은 약간 오목한 지형의 만 근처를 2차례 빙빙 돌더니, 착륙지를 찾았다는 신호를 하고는 만 안쪽의 좁은 땅 위로 착륙을 시도했다.

"여기는 에번스 곶입니다. 나에게는 아주 추억이 많은 장소이지요. 두 번째 남극점 탐험이 이곳에서 시작되었답니다."

캡틴 스콧은 다시 추억 속으로 빠지는 듯했다. 아마 이번 탐험 여행에서 캡틴의 이런 모습을 종종 지켜볼 수밖에 없을지도 모른다. 하지만 추억이 경험이 되어 두 번 실수는 하지 않

을 것이다. 그리고 우리는 남극점까지 갔다가 다시 되돌아올 수 있을 것이다.

캡슐들이 에번스 곶에 착륙하자마자 갑자기 주위가 깜깜해졌다. 한동안 멍하니 앉아 있는데 하늘에서 빛이 하나 둘씩 들어왔다. 캡슐이 자동으로 열리고 밝아진 주위를 돌아보니 체험실이었다. 캡틴은 간 곳이 없고, 참가자 4명은 서로의 얼굴만 쳐다볼 뿐 아무 말도 할 수 없었다.

분명 시간으로는 아주 짧은 여행이었을 뿐인데도 온몸이 나른했다. 숙소에 돌아오자마자 바로 침대에 고꾸라졌다. 그러고는 아주 깊은 잠에 빠져들었다. 꿈속에서도 나는 태평양을 건너 오스트레일리아 대륙을 거쳐 남극을 향해 날고 있었다.

만화로 본문 읽기

여러분, 지금부터의 탐험은 어려운 길이 될 것입니다. 우리 탐험대는 모두 서로를 믿고 힘이 되어야만 험난한 상황을 헤쳐 나갈 수 있다는 것을 명심하기 바랍니다. 그럼 출발!!

우아~,
우리가 날고 있어!
와, 진짜 실감나는데.
하하하!

저기 봐!
남극 대륙이야.
캡틴 스콧이 얘기했던 대로 남극 대륙은 거의 전부가 백색이네.

여기는 에번스 곶입니다. 나에게는 추억이 많은 장소이지요. 두 번째 남극점 탐험이 이곳에서 시작되었답니다.
그렇군요.

뭐지?
갑자기 어두워졌어.

아, 안심하세요. 오늘 여행은 여기까지랍니다. 내일은 남극의 지형과 환경에 대해 살펴보게 될 거예요.

셋째 날 아침

3

남극의 지형과 환경

남극의 가능한 탐험 경로는 어떻게 될까요?
남극의 지형과 탐험 경로를 알아봅시다

3

셋째 날 아침

남극의 지형과 환경

교과 연계.

초등 과학 3-1	4. 날씨와 우리 생활
초등 과학 3-2	2. 동물의 세계
초등 과학 4-2	2. 지층과 화석
초등 과학 5-2	1. 환경과 생물
중등 과학 2	6. 지구의 역사와 지각 변동
고등 지학 Ⅰ	1. 하나뿐인 지구

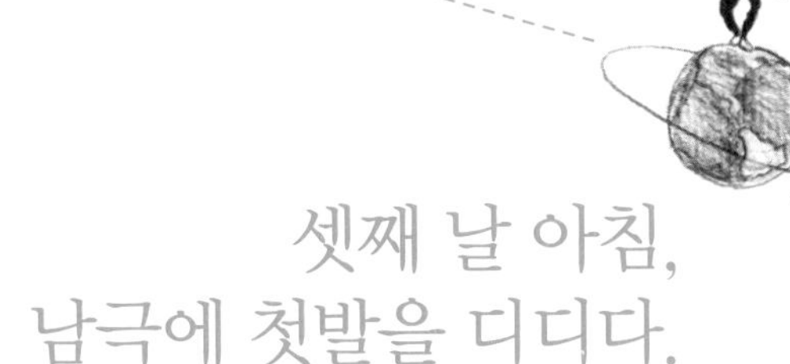

셋째 날 아침, 남극에 첫발을 디디다.

우리는 체험실에 들어가 자신의 캡슐 의자에 몸을 맡겼다. 캡슐이 닫히고 잠시 어두워지더니 우리는 어느새 다시 에번스 곶으로 돌아와 있었다.

"여러분, 이제 캡슐에서 내리시기 바랍니다. 참, 먼저 계기판의 'O' 버튼을 누르세요."

에번스 곶에는 이미 캡틴 스콧이 기다리고 있었다. 캡슐 문이 열리고, 우리는 조심스럽게 발을 내디뎠다. 남극에 첫발을 내디딘 것이다. 흥분을 가라앉히며 우리는 주위를 조심스럽게 둘러보았다. 갑자기 차가운 기운이 온몸을 감쌌다. 조

그만 바위들이 듬성듬성 고개를 내밀고 있을 뿐, 세상이 온통 하얗다. 캡틴의 뒤로 조그만 오두막이 보였다.

“우선, 오두막 안으로 들어갑시다. 탐험을 위해 알아 두어야 할 것이 많거든요.”

오두막을 향하는 발걸음마다 뽀드득거리는 소리가 들려왔다. 땅에 쌓여 있던 약간 얼어 있는 눈이 우리의 몸무게에 저항하며 만들어 내는 소리였다.

누군가 오두막 왼쪽을 가리켰다. 저 너머로 높은 산봉우리가 보이는 듯하더니 그 정상에서 하얀 연기가 모락모락 솟아올랐다. 누가 연기를 피우는 것일까? 아니면 가느다란 조각구름이 피어오르는 것일까?

“여러분이 보고 있는 산은 에러버스 산입니다. 높이가

3,794m나 되죠. 이 산은 아주 유명한 남극의 활화산입니다."

'아니, 남극에도 화산이 있다고? 남극은 그저 얼어붙은 땅이 아니었나?'

여러 가지 의문이 교차하는 순간 캡틴 스콧은 우리의 모습에서 무언가 설명이 필요함을 느낀 모양이었다.

"에러버스 화산은 1841년 로스 탐험대가 타고 왔던 2척의 배 가운데 하나의 이름에서 따왔습니다. 이 화산이야말로 남극에서 발견된 최초의 화산이에요. 남극은 아주 오래된 땅일 뿐만 아니라 새로이 성장하고 있는 땅이기도 하답니다. 커다란 대륙이기 때문에 여러 가지 지질 현상이 생기는 것입니다.

많은 화산들이 있지만 대부분은 지금 활동하지 않습니다. 현재도 남극에서 활동하고 있는 화산으로는 이 에러버스 화

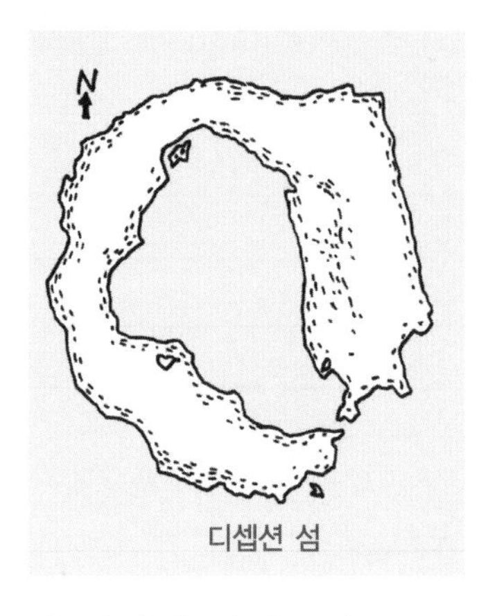

디셉션 섬

산과 디셉션 섬이 유명하죠. 참, 디셉션 섬은 한국의 남극 세종과학기지에서 그다지 멀지 않은 곳에 위치한답니다."

그러고 보니 극지연구센터의 체험실로 들어가는 입구에 여러 가지 그림과 연구 활동의 사진이 있었는데, 그곳에서 디셉션 섬을 본 기억이 어렴풋이 떠올랐다. 한국의 과학자들도 남극의 활화산을 연구하고 있었던 것이다.

"저 에러버스 화산은 내가 1902년 남극에 처음 왔을 때, 우리 탐험대가 산의 높이를 측량했던 곳이기도 합니다."

캡틴은 자신의 탐험대가 이룩한 업적을 자랑스럽게 늘어놓기 시작했다.

"1차 탐험 때도 그랬고, 2차 탐험 때도 그랬습니다. 우리의 목적은 남극점을 정복하는 것만이 아니었지요. 과학적 연구와 남극점 정복이라는 2마리 토끼를 잡으려 했으니까요. 항상 우리 탐험대에는 여러 사람의 과학자들이 포함되어 있었습니다. 남극점에 도달하는 것도 중요하지만, 무엇보다도 그때까지 알려져 있지 않았던 미지의 땅, 남극을 좀 더 세상에 알려야 했거든요."

캡틴 스콧은 신이 난 듯 말을 이어 갔다.

"기상학자, 지질학자, 생물학자가 필사적으로 남극을 조사했어요. 기상을 관측하고, 지형을 측량하고, 암석의 시료를 채집하고, 또 펭귄과 해표들도 관찰했어요. 어떤 지질학자들은 에러버스 화산을 2번이나 올랐어요. 1908년 섀클턴 탐험대에서, 그리고 1912년 나의 두 번째 탐험에 왔을 때이지요. 언제 폭발할지 모르는 활화산에 올라간다는 것은 아주 대단한 용기가 아니면 어려운 일입니다."

그랬다. 스콧이 남극점을 공격하러 떠났을 때, 에번스 곶의 기지에 남아 있던 여러 명의 과학자들은 연구를 계속했던 것이다. 그리고 그들의 연구로부터 남극에 대한 많은 사실들이 밝혀지게 되었다.

"아무래도 남극에 대한 얘기가 좀 더 필요할 것 같네요. 오두막으로 들어갑시다."

오두막 안은 온기가 돌았다. 캡틴이 미리 페치카에 불을 지펴 둔 것이다. 나무로 만들어진 오두막에는 오랜 남극 탐험의 냄새가 스며 있었다.

오두막 한쪽 벽에는 커다란 남극 지도가 걸려 있었다. 지도 한가운데에 십자가 그려져 있었는데, 아마도 남극점인 것 같

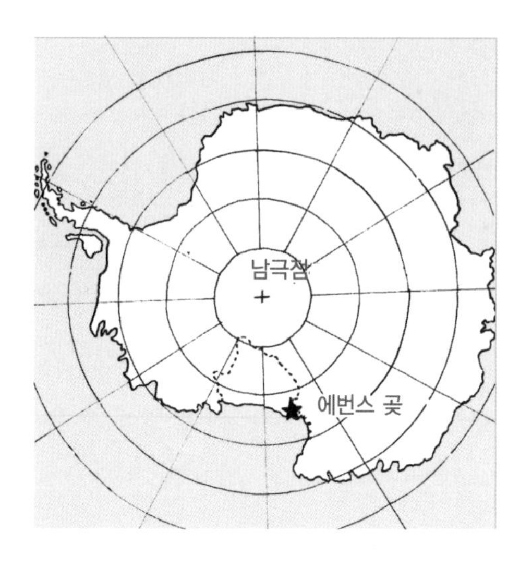

다. 그리고 그 아래 별 모양의 점이 새겨져 있었다.

"여러분, 지금 우리가 있는 에번스 곶은 바로 여기 별 모양으로 새겨진 곳입니다. 남위 78° 부근이죠. 그리고 대륙 가운데 십자 모양의 장소가 우리가 찾아가야 할 남극점입니다. 여기서 남극점까지는 약 1,300km 떨어져 있습니다."

남극점까지의 거리를 듣는 순간 참가자 4명의 얼굴이 굳어졌다. 어떻게 저 먼 거리를 간단 말인가? 그것도 얼음과 험한 날씨 속에서. 간다고 되는 것도 아니고 다시 돌아와야 하는데 그러면 왕복 2,600km! 서울과 부산 간의 거리를 3회 왕복해야 하는 거리였다. 모두 얼굴색이 창백해졌다.

"그러나 걱정하지 마세요. 옛날 내가 탐험할 때처럼 개썰매를 앞세우고 도보로 행군하지는 않을 겁니다. 바깥 창고에 개조된 5인승 스키두(skidoo)가 대기하고 있습니다. 이 스키두는 빙원 위에서는 미끄러지듯 달릴 것이고, 가파른 곳이 나타나면 아주 느리지만 조금씩 수직 이착륙할 수 있는 기능을 가지고 있습니다."

휴~, 다행이다. 스키두를 타고 남극점까지 갔다 오는 일은 그다지 어렵게 여겨지지 않는다. 그래서인지 참가자들의 얼굴에 생기가 조금씩 돌기 시작했다.

"다만, 아무리 성능 좋은 스키두라 해도 남극의 변화무쌍한 날씨 속에서는 진행이 불가능할 경우도 있습니다. 그때는 천막을 치고 날씨가 좋아질 때까지 기다려야 합니다. 다시 한 번 주의를 드립니다. 한 사람의 섣부른 행동은 모두에게 커다란 피해를 준다는 사실을 잊지 마십시오."

캡틴의 목소리는 단호하면서도 강했다.

"그러면 남극점까지의 경로를 살펴보기로 하지요. 여기 에번스 곶에서 출발하여 장장 700km가량 되는 로스 빙붕을 지나야 합니다. 빙붕은 평탄한 빙원이라 진행에 별 어려움은 없어요. 그러나 돌아올 때에 대비해서 중간마다 저장소를 설치합니다. 음식과 연료를 남겨 두는 것이에요. 문제는 로스 빙붕이 끝나는 곳부터입니다. 그곳에서 약 300km는 남극 횡

남극점

로스 빙붕

에번스 곶

단 산지가 앞을 가로막습니다. 산지라 해도 처음 200km는 여기저기 빙하가 펼쳐져 있어 그 빙하를 건너야 합니다. 특히 중간의 비어드모어 빙하에는 크고 작은 크레바스와 크랙이 표면 얼음 아래 숨어 있습니다. 스키두가 여기에 빠지면 큰일 납니다. 모두 신경을 바싹 곤두세워야 해요. 산지를 무사히 횡단하고 나면 남극점까지는 얼음 고원으로 이어집니다. 거기에도 크레바스와 특이한 어려운 지형이 도사리고 있어요. 항상

과학자의 비밀노트

빙하(glacier)—빙하는 천천히 움직이는 커다란 얼음덩이로 중력과 높은 압력으로 천천히 흘러내린 눈으로부터 형성된 것을 말한다. 빙하의 얼음은 지구에서 가장 큰 민물을 담고 있다.

크레바스(crevasse)—빙하 속의 깊게 갈라진 틈으로, 빙하 내부의 부등속 운동으로 압축과 신장이 일어나며 생긴다. 크레바스와 크레바스 사이의 고립된 빙하 덩어리를 '세락'이라고 한다.

크랙(crack)—빙하나 바위 표면의 갈라지고 벌어진 틈새를 말한다.

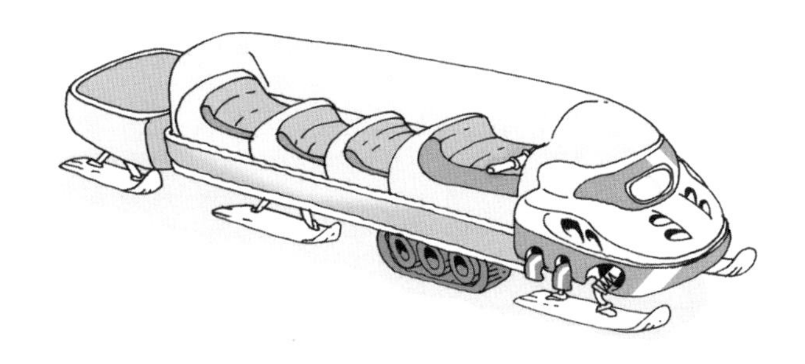

주의해야 합니다."

탐험 경로에 대한 설명을 듣고 난 우리는 바깥으로 다시 나왔다. 오두막 뒤편에 자리한 창고 문을 열자, 거기에는 길이 7m가량의 스키두가 조용히 기다리고 있었다. 어디선가 본 듯하다 했더니, 스키장에서 구조 요원들이 슬로프를 오르락내리락하며 타고 다니는 스노모빌과 닮은 모습이었다.

하지만 길이는 훨씬 길어 전면에 조종석이 있고 그 뒤로 좌석이 4개 놓여 있으며, 뒤쪽 2m 남짓의 공간에는 짐을 실을 수 있게 되어 있었다. 스키두의 바닥에는 기다란 스키가 달려 있고, 그 위쪽으로는 구멍이 여러 개 나 있는데, 무엇에 쓰는 것인지 궁금증을 자아냈다. 앞에서부터 뒤까지 튼튼한 투명 플라스틱 덮개가 있어 눈보라와 추위에도 견딜 수 있을 것 같았다. 우리는 캡틴과 시승을 해 본 다음 오두막으로 돌아와 쉬기로 했다.

만화로 본문 읽기

여러분은 남극에 첫발을 내딛었습니다. 이제부터 본격적인 남극 탐험이 시작됩니다.
와~~!

저 산봉우리에서 연기가 나요.
아, 저 산은 에러버스 산입니다. 높이가 3,794m나 되죠. 아주 유명한 남극의 활화산입니다.

에러버스 화산은 1841년 로스 탐험대가 타고 왔던 배들 가운데 하나의 이름에서 따왔죠. 이 화산은 남극에서 발견된 최초의 화산이에요. 다른 화산도 있지만 대부분은 지금 활동하지 않고, 에러버스 화산과 디셉션 섬만이 지금도 화산 활동이 일어나지요.
여러분, 지금 우리가 있는 에번스 곶은 바로 여기 별 모양으로 새겨진 곳입니다. 남위 78° 부근이죠. 그리고 대륙 가운데 십자 모양의 장소가 우리가 찾아가야 할 남극점입니다. 여기서 남극점까지는 약 1,300km 떨어져 있습니다.
헉! 그렇게 멀어요?

그러나 걱정하지 마세요. 여기 개조된 5인승 스키두가 대기하고 있습니다. 이 스키두는 빙원 위에서는 미끄러지듯 달리고, 가파른 곳이 나타나면 아주 느리지만 조금씩 수직 이착륙할 수 있는 기능을 가지고 있어요.

와아~~!
자, 그럼 출발해 볼까요?

셋째 날 저녁

4

남극의 기후와 생물은 어떤가요?

남극의 기후와 계절은 어떨까요?
그리고 생물들은 어떤 것이 있을까요?
남극의 기후와 생물에 대해 알아봅시다.

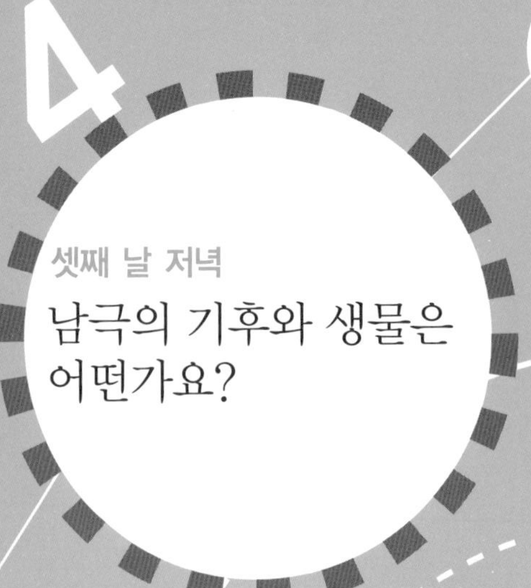

4

셋째 날 저녁

남극의 기후와 생물은 어떤가요?

교과 연계		
	초등 과학 3-1	4. 날씨와 우리 생활
	초등 과학 3-2	2. 동물의 세계
	초등 과학 4-2	2. 지층과 화석
	초등 과학 5-2	1. 환경과 생물
	중등 과학 2	6. 지구의 역사와 지각 변동
	고등 지학 Ⅰ	1. 하나뿐인 지구

셋째 날 저녁, 펭귄을 만나다.

하여간 이상한 것은, 먹지 않아도 배고프지 않고 갈증도 나지 않는다는 것이었다. 하지만 졸린 것은 어쩔 수 없어 모두 침대에 기대어 꾸벅꾸벅 졸았다.

"피로가 좀 풀렸습니까?"

캡틴의 목소리가 들리자 모두 눈을 비비며 자리에서 일어났다. 캡틴은 페치카 주위로 모이라고 했다.

"지금은 10월 말이니까 남극에서는 북반구와 반대로 늦봄에 해당합니다. 나도 그렇고, 나와 경쟁했던 아문센(Roald Amundsen, 1872~1928)도 그렇고, 남극점 정복을 위한 출발

을 10월 말에서 11월 초에 시작했어요. 남극의 겨울이 끝나는 시기였지요. 모두 알겠지만 남극의 겨울은 온통 밤이고, 여름에는 밤에도 어두워지지 않는 백야 현상이 나타나지요. 남극에서 겨울을 난다는 것은 매우 고통스러운 일입니다."

상상만 해도 끔찍했다. 온종일 밤만 계속된다면 어떻게 살 수 있을까? 그래도 남극의 겨울을 많은 사람들이 견뎌 왔다는 사실에서 인간의 강인함을 느낄 수 있었다. 그중 한 사람이 지금 우리를 이끌고 있는 캡틴 스콧이었다.

"좀 더 정확히 말하면 남극의 겨울이 온통 밤이라는 것은 사실 맞지 않아요. 우리는 이미 남극이 어디인가에 대해 배웠죠. 남위 60° 보다 더 남쪽을 남극이라고 한다면, 하루 종일 낮이거나 밤이 되는 경우는 남위 66.5° 에서 더 남쪽으로 내려가야 생깁니다. 하지만 66.5° 이남이라도 낮과 밤이 각각 4개월씩 반복되는데, 그사이의 2개월씩 모두 4개월은 낮과 밤이 있습니다. 단, 남극점에서는 3월 20일경부터 6개월 동안 밤이고, 9월 20일경부터 6개월 동안은 낮이지요."

그렇다. 우리가 남극에서 6개월이 밤이고 6개월이 낮이라고 알고 있는 것은 남극점 부근에서만 맞는 말이었다. 남극점이 아닌 장소에서는 4월에서 8월까지는 밤이 계속되고, 8월에서 10월까지는 낮과 밤이 있다. 10월에서 2월까지 낮이 계속되다가 2월부터 4월까지는 다시 낮과 밤이 생기는 것이다. 아문센과 캡틴 스콧이 남극점을 공격하던 시기가 10월 말 정도였던 이유는 이때부터 낮이 계속되기 때문이었음을 깨달을 수가 있었다.

캡틴 스콧은 닫혀 있던 오두막 창문을 열었다. 밝은 빛이 오두막 안을 환하게 비추어 주었다. 지금이 10월 말이니까 낮이 계속되는 계절이다.

"나도 세 차례나 남극의 겨울을 경험했어요. 어려웠지만 좋은 시간이었지요. 봄이 되어 남극점을 향해 행군을 시작하기 위해서는 많은 준비 작업이 필요하고, 겨울은 행군 준비에 적당한 시간입니다. 그뿐만이 아니에요. 기나긴 밤을 대원들과 지내면서 서로를 알고 서로에게 의지하는 좋은 관계를 만들어 주었답니다."

캡틴 스콧은 마치 우리에게도 좋은 관계가 필요하다는 것을 강조라도 하려는 듯이 우리를 둘러보았다.

"나는 두 번의 탐험에서 무엇보다도 소중한 친구를 얻었어요. 윌슨이 바로 그런 친구입니다."

페치카에서 불꽃이 피어오르는 것처럼, 캡틴의 소중한 추억이 모락모락 피어오르고 있었다. 윌슨은 캡틴 스콧의 두 차례의 탐험에 모두 참가했으며, 마지막까지 스콧의 곁을 지켰다. 캡틴의 손이 마지막 순간 윌슨을 향해 뻗어 있었음을 아는 터라 우리 모두는 숙연해질 수밖에 없었다.

"윌슨(Edward Adrian Wilson, 1872~1912)은 두 번째 탐험의 겨울에 황제펭귄의 알을 구해야 한다면서 글쎄 칠흑과도 같은 겨울의 어둠 속을 5주 동안 헤매며 채집에 나선 거예요. 결국은 알 3개를 들고 돌아왔더군요. 그때 기진맥진한 윌슨의 모습을 잊지 못합니다. 그 알이 파충류와 조류의 진화에 대한 연결 고리를 풀어 줄 거라고 호언장담하던 친구였지요.

또 있어요. 남극점을 정복하고 돌아오던 길에 윌슨은 부지런히 암석 시료(시험, 검사, 분석 따위에 쓰이는 물질이나 생물)를 모았어요. 아마 13kg 정도 되었던 것 같아요. 완전히 탈진하여 걸을 기운도 없던 때에도 윌슨은 그 시료들을 버리지 않았습니다. 대단한 친구죠. 오랜 옛날 남극이 어떠했는지를 알려 주는 정말로 귀한 시료들이었답니다."

윌슨을 회상하는 캡틴의 눈가에 작은 이슬이 맺혔다.

어떤 이들은 캡틴 스콧의 남극 탐험이 실패라고 말한다. 어떤 이들은 아문센보다 늦어 버린 캡틴의 남극점 정복을 과소평가하여 '세상은 2등을 기억하지 않는다'며 비웃는다. 하지만 진정으로 중요한 것은 결과보다 그 과정이 아닐까?

남극점을 최초로 정복한 아문센은 영웅이다. 그러나 아문센과 함께했던 대원들의 이름을 우리는 잘 기억하지 못한다. 하지만 캡틴 스콧은 남극점 정복에서는 2등이었지만, 많은 사람들은 그 대원들의 이름을 외운다. 윌슨, 에번스(Edgar Evans, 1876~1912), 바우어스(Henri Bowers, 1883~1912), 오츠(Lawrence Oates, 1880~1912). 그들 모두 영웅이었고 그들

에게는 캡틴이 있었다.

“여러분은 남극에 사는 펭귄을 기억하고 있죠? 그래요, 펭귄은 남극의 대표적인 동물입니다. 윌슨이 겨울의 어둠 속을 헤맨 이유는 황제펭귄이 겨울에 번식하기 때문이에요. 보통 펭귄은 날지 못하는 하등 조류라고 알려져 있습니다.

남극은 어떤 생명체도 생존하기 아주 어려운 환경입니다. 그런 의미에서 펭귄은 이 험한 환경에 잘 적응한 뛰어난 생물입니다. 겉에는 촘촘하게 돋아난 털로 된 방수 코트를 입고 있고, 바깥 기온을 차단할 수 있는 잘 발달된 지방층의 피부를 가지고 있어서 남극의 추위에도 끄떡없지요. 육상에서는 뒤뚱거리는 모습이 우스꽝스러워도 일단 물속에 들어가면 어느 누구에게도 뒤떨어지지 않는 훌륭한 수영 실력을 가지고 있어요.”

날지 못하는 펭귄이 뒤뚱거리거나 물속을 헤엄치는 모습은 동물원에서도 본 적이 있었다. 펭귄의 우스꽝스런 모습만 기억하는 친구들이 많은데, 남극이라는 험한 환경에서 잘 살아가는 대단한 동물이 바로 펭귄이었다.

“남극에는 황제펭귄 말고도 여러 종류의 펭귄이 있어요. 아델리, 젠투, 친스트랩, 록호퍼, 마카로니, 킹 펭귄 등이 있지요. 황제펭귄은 겨울에 번식하지만 나머지 펭귄들은 봄에 알을 부화하고 새끼를 키운답니다. 펭귄은 종류에 따라 조금씩 다르기는 해도 주로 물고기, 오징어, 새우 등을 먹고삽니다. 따라서 남극 주변의 차가운 바다는 펭귄들에게는 더할 나위 없이 좋은 생활 터전이 되는 것이에요."

펭귄의 이야기를 듣던 친구들이 서로의 얼굴을 쳐다보았다. 바깥으로 나가 펭귄을 보고 싶은 것이 분명했다.

"여러분 마음을 읽었어요. 펭귄이 보고 싶은 거지요?"

캡틴에게는 사람의 마음을 읽어 내는 재주도 있었다.

캡틴 스콧을 따라 오두막에서 조금 떨어진 해안가로 이동했다. 멀리서 '까악까악' 하는 소리가 들려왔다. 차가운 바다의 소금 냄새가 콧가를 맴도는가 싶더니, 갑자기 약간 구린내 나는 이상한 냄새가 나기 시작했다. 해안의 절벽을 끼고 돌자마자 엄청난 무리의 펭귄이 나타났다. 수천 마리를 넘는 펭귄이 떼를 지어 모여 있었다. 바닷가에서 좀 더 높은 능선에 이르기까지 빽빽하게 펭귄으로 넘쳐나고 있었다.

"보시다시피 이곳에는 펭귄이 무척 많습니다. 여기처럼 펭귄이 모여 사는 곳을 '펭귄 루커리(Penguin Lookery)'라고 부릅니다. 펭귄의 마을이죠. 여기에 보이는 펭귄은 대가리가 까만 아델리펭귄, 부리가 빨간 젠투펭귄, 그리고 목에 줄이 있는 친스트랩펭귄 등 3종류예요."

펭귄은 모두 귀엽지만, 3종류의 펭귄은 각각 재미있는 특징을 가지고 있었다. 사실 펭귄 중에서도 황제펭귄을 보고 싶었지만 여기에는 없었다. 캡틴 말로는 황제펭귄은 남극의 겨울에 얼어붙은 바다의 끝자락에서 번식을 하기 때문에 지금 여기서는 볼 수가 없다는 것이었다.

모여 있는 펭귄을 자세히 살펴보니 펭귄 중에는 쭈그리고 앉아 있는 펭귄과 그 주위를 빙빙 돌며 망을 보는 펭귄이 있었다.

"지금은 여기에 모여 있는 펭귄이 번식하는 기간입니다. 쭈그리고 앉아서 알을 품고 있는 펭귄이 보이지요? 그 곁에서 망을 보는 펭귄 역시 부모 펭귄입니다. 펭귄은 암컷과 수컷이 번갈아 가며 알을 품습니다."

펭귄들은 땅에 조그만 돌로 동그란 둥지를 만들어 놓고 그

안에서 알을 부화시키고 있었다. 우리가 다가가도 조금도 놀란 기색을 보이지 않을 만큼 사람을 두려워하지 않았다.

그런데 한곳에서 갑자기 목청 찢어지게 울어 대는 펭귄의 소리가 들려왔다. 펭귄 둥지 위로는 이상하게 생긴 새 한 마리가 빙빙 돌고 있었다.

"펭귄의 번식 시기에 가장 큰 위협이 되는 것은 먹이의 부족입니다. 조그만 해안에서 이렇게 많은 펭귄들이 한꺼번에 먹이를 구하는 일은 쉽지만은 않지요. 그런데 또 다른 위협이 있어요. 여러분이 보고 있는 바로 저 새입니다. '스쿠아'라 불리는 도둑갈매기인데, 펭귄들의 부화기에 알과 갓 태어난 새끼를 노리고 있는 것입니다."

나와 친구들은 화가 나서 조그만 조약돌을 주워 스쿠아를 향해 던지기 시작했다.

“여러분, 그러지 마세요. 이것도 자연의 법칙이랍니다. 자연은 그대로 두어도 모두 스스로를 조절하고 있는 거예요.”

아무리 그렇다고 해도 펭귄의 알과 새끼를 노리는 스쿠아가 얄밉기 짝이 없었다.

펭귄 마을에서 돌아오는 길에 캡틴은 왔던 길과 다른 길로 돌아가자고 했다. 우리는 그 이유를 곧 알게 되었다. 도중에 킁킁거리는 커다란 소리와 함께 해표의 무리가 나타났기 때문이었다.

“남극에서 흔히 발견할 수 있는 동물의 하나가 이 해표랍니다. 그런데 그냥 해표라고 불리는 것과 물개라고 불리는 것이 있어요. 보통 해표는 온몸을 앞뒤로 흔들며 기어다니는데, 물개는 상체를 꼿꼿하게 세우며 걷는답니다. 해표는 주로 어류 · 오징어 · 크릴새우 등을 먹고 살지만, 어떤 해표는 펭귄이나 다른 해표를 잡아먹기도 해요.”

펭귄이나 해표를 잡아먹는 사나운 해표가 혹시라도 사람을 해치지 않을까 소름이 끼쳤다. '지금 그런 해표가 나타나면 어떡하지?' 하는 생각에 모두 주변을 두리번거렸다. 이런 우리의 모습에 캡틴은 빙긋이 웃으며 말했다.

"너무 걱정하지 말아요. 여러분 달리기 실력이면 얼마든지 해표의 공격에서 피할 수 있으니까요. 그건 그렇고 시간이 너무 늦어지니까 빨리 오두막으로 돌아갑시다."

그날 저녁 내내 펭귄의 알과 새끼를 노리던 스쿠아의 모습이 생각났다. 그리고 새끼를 지키느라 울부짖는 어미 펭귄의 모습이 머릿속에서 떠나질 않았다.

과학자의 비밀노트

남극 생물(Antarctic organism)

남극 대륙에 사는 생물은 저온과 건조한 기후에 잘 견디는 특징이 있다. 또 식물의 경우에는 약한 태양 광선 아래에서도 가장 왕성하게 광합성을 특징을 가진다. 남극에 사는 식물의 경우, 종자식물은 단지 2종만 알려져 있으나 그것도 남극 반도에 한정되며, 또한 균류나 이끼류도 적다. 식물의 대부분은 표면에 착생하는 지의류 및 빙설과 민물속에 사는 조류이며, 선류도 비교적 많다.

동물의 경우는 척추동물은 외래의 사람, 개, 바다표범류, 해조류를 제외하면 전혀 볼 수 없다. 주요 동물로는 토양 속의 톡토기류 · 진드기류와 민물 등에 사는 선충류 · 윤충류 · 키로노무스류 등이 있고, 그 밖에 원생동물 · 와충류 · 지각류 · 요각류 · 깔따구류 등도 알려져 있다.

만화로 본문 읽기

10월 말 남극의 계절은 늦봄에 해당합니다. 북반구와 계절이 정반대랍니다.

나도 그렇고 아문센도 그렇고, 남극점 정복을 위한 출발을 남극의 겨울이 끝나는 10월 말에서 11월 초에 시작했어요. 남극의 겨울은 온통 밤이에요. 반대로 여름은 밤에도 어두워지지 않는 백야 현상이 나타나지요. 남극에서 겨울을 나는 것은 매우 고통스러운 일이지요.

남극점을 최초로 정복한 사람은 아문센이지만, 그 대원들의 이름은 잘 알려지지 않았어.

응, 하지만 우리 스콧의 대원은 많이 외우고 있어. 윌슨, 에번스, 바우어스, 오츠.

비록 캡틴이 2등이었어도 대원 모두 영웅이었고, 그들에게는 캡틴이 있었지. 우리처럼 말이야.

앗, 펭귄이군요. 펭귄은 남극을 대표하는 동물입니다. 윌슨이 겨울의 어둠 속을 헤맨 이유는 겨울에 번식하는 황제펭귄을 보기 위함이었어요. 보통 펭귄은 날지 못하는 하등한 조류라고 알려져 있지만, 남극에 잘 적응한 뛰어난 생물이죠.

펭귄은 겉에 촘촘하게 돋아난 털로 된 방수 코트를 입고 있고, 바깥 기온을 차단할 수 있는 잘 발달한 지방층의 피부를 가지고 있어서 남극의 추위에도 끄떡없어요. 육상에서는 뒤뚱거리는 모습이 우스꽝스러워 보여도, 일단 물속에 들어가면 어느 누구에게도 뒤지지 않는 훌륭한 수영 실력을 가지고 있답니다.

황제펭귄은 겨울에 번식하지만 나머지 펭귄은 봄에 알을 부화하고 새끼를 키워요. 펭귄은 주로 어류, 오징어, 갑각류 등을 먹고살기 때문에 남극 주변의 차가운 바다는 펭귄에게는 더할 나위 없는 좋은 생활 터전이 되지요.

넷째 날 아침

5

스콧 탐험대의 마지막 탐험 장소에 이르다

스콧 탐험대의 최후는 어땠을까요?
남극에 사는 앨버트로스에 대해서도 알아봅시다.

5

넷째 날 아침

스콧 탐험대의 마지막 탐험 장소에 이르다

교. 과. 연. 계.

초등 과학 3-1	4. 날씨와 우리 생활
초등 과학 3-2	2. 동물의 세계
초등 과학 4-2	2. 지층과 화석
초등 과학 5-2	1. 환경과 생물
중등 과학 2	6. 지구의 역사와 지각 변동
고등 지학 I	1. 하나뿐인 지구

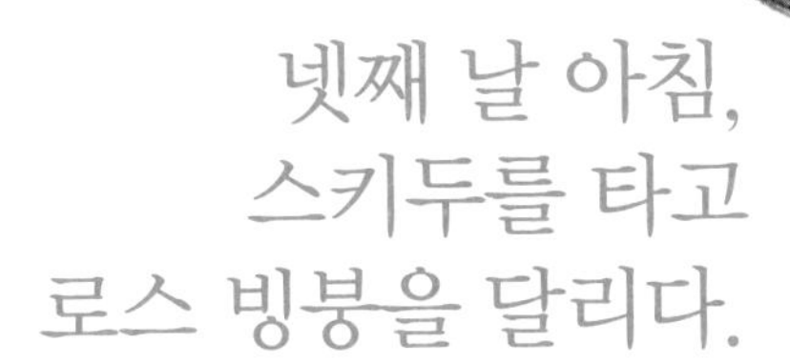

넷째 날 아침, 스키두를 타고 로스 빙붕을 달리다.

시계를 보지 않으면 아침인지 저녁인지 분간할 수 없었다. 다시 돌아온 에번스 곶은 어제 저녁의 밝음 그대로였다.

"여러분을 기다리는 동안 나는 여러분과의 탐험을 위한 장비를 준비해 두었습니다. 지금부터 각자가 담당할 장비와 보급품을 챙긴 다음 남극점을 향해 출발하도록 하겠습니다."

5인승 스키두에 장비와 보급품을 실은 다음, 체험 탐험 참가자인 우리 4명은 뒷좌석에 앉고, 캡틴 스콧이 조종석에 앉았다. 캡틴은 우리에게 준비가 되었는지 묻고는 조종간의 여러 스위치를 만지작거렸다.

스키두의 뚜껑이 닫히고 엔진 소리가 거칠게 들려왔다. 스키두가 서서히 움직이는가 싶더니 쏜살같이 앞으로 돌진해 나갔다. 10월 말의 에번스 곶은 지난겨울 쌓인 눈이 아직도 많이 남아 있었지만 군데군데 짙은 갈색 땅도 머리를 내밀고 있었다. 듬성듬성 솟아 있는 바위의 틈새를 지나자 무언가가 푸득거리며 스쳐 지나갔다. 커다란 새 같았다.

"아이쿠, 우리가 조용히 쉬고 있던 앨버트로스를 깨웠네."

앨버트로스? 남극해를 항해하는 선원들의 전설적인 보호자라고 하는 그 앨버트로스인가?

"남극의 해안에서는 가끔씩 앨버트로스라 불리는 신천옹을 볼 수 있어요. 바다에 사는 새 중에서 몸집이 가장 큰 새이지요. 날개 길이가 무려 3m에 이르고, 무게도 12kg이나 나간답니다. 남극에서 가장 심각하게 멸종 위기에 놓여 있는 동

물이기도 하고요."

스키두 위로 떠오른 날개 편 앨버트로스는 마치 하늘 위를 나는 경비행기처럼 보였다. 그 늠름한 모습은 지구상의 어떤 새와도 비교할 수 없었다.

"매년 이맘때면 남극의 해안가 주변의 편평한 곳에서 삼삼오오 짝을 지어 번식하는 앨버트로스를 볼 수 있습니다. 조금 전에 본 것은 앨버트로스 중에서 가장 큰 나그네앨버트로스 같아요. 한 번에 1만 km 이상 이동할 수 있는데, 어떤 것은 지구 한 바퀴를 돌기도 한답니다. 오늘 출발부터 앨버트로스와 함께하니 우리의 탐험이 성공할 것 같네요."

헤드셋을 통해서 들려오는 캡틴 스콧의 목소리는 매우 밝았다.

"과학자들은 앨버트로스를 보호하기 위한 여러 방법을 생

각하고 있습니다. 앨버트로스의 생명을 앗아 가는 가장 커다란 위험은 남극해에서 조업하고 있는 고깃배들입니다. 고기를 낚기 위해 긴 밧줄에 연결시킨 갈고리에 앨버트로스가 희생되는 거지요.

갈고리에 미끼를 달아 놓았는데, 글쎄 그 미끼를 앨버트로스가 먹다가 밧줄에 이끌려 익사하고 만답니다. 슬픈 일이지요. 자연이 아니라 인간이 앨버트로스를 죽이고 있는 것입니다. 이대로 가다가는 20~30년 안에 앨버트로스는 멸종하고 말겁니다."

조금 전의 밝은 목소리와는 달리 캡틴의 목소리가 무겁게 가라앉았다. 인간이 남극의 생물을 멸종 위기에 처하게 만들었다. 결국 인간의 생존과 남극 생물의 생존이 대립하고 있는 가장 나쁜 예인 것이다.

에번스 곶을 떠난 우리의 스키두는 어느새 하얀 빙원을 달리고 있었다. 앞에 펼쳐진 빙원은 끝이 보이지 않는다. 뚫어지게 빙원을 쳐다보고 있으니 눈이 시리고 아프다.

스키두는 계속 앞을 향해 달려가고, 스키두의 뒤에서 일어나는 눈보라가 어지럽게 흩날렸다.

"우리는 지금 로스 빙붕 위를 달리고 있습니다. 어제 지도에서 확인했지요?"

오두막에서 캡틴이 이번 탐험의 경로를 설명했을 때 분명 확인했었다. 남극 해안가에 위치한 에번스 곶에서 700km 가까이 펼쳐진 로스 빙붕을 먼저 건너야 한다. 이 빙붕은 남극 횡단 산맥에 다다를 때까지 계속될 것이었다.

"1911년에 나의 탐험대와 아문센의 탐험대도 남극점에 도착할 때까지 이 빙붕을 건너야 했습니다. 처음부터 개썰매를 효과적으로 이용한 아문센과 달리 나는 말과 트랙터(일종의 모터 설상차)를 이용하려고 했어요. 하지만 말이나 트랙터는

남극 탐험에 편리하지 못하다는 것을 알았죠. 아문센은 나보다 훨씬 남극 사정에 밝았다고 말할 수 있어요."

캡틴 스콧의 말에는 비장함이 서려 있었다.

"남극점 정복에 나선 것도 아문센보다 10일 정도 늦었지만, 남극점을 정복한 날짜는 30일 이상이나 차이가 났어요. 남극점 정복에 앞서 남극 환경을 자세히 파악하고 모든 면에서 철저히 준비한 아문센이야말로 진정한 영웅입니다."

탐험에 참가한 우리는 갑자기 숙연해졌다. 캡틴 스콧은 자신의 실패를 받아들이고 경쟁자였던 아문센을 칭찬하고 있는 것이다. 탐험에 앞선 철저한 준비야말로 탐험의 성공을 보장해 준다. 캡틴은 분명히 이 말을 우리에게 들려주고 싶은 것이다.

조용하기만 하던 빙원에 강한 돌풍과 함께 눈보라가 휘날리기 시작했다. 스키두를 때리는 얼음 알갱이는 캡틴의 마음까지 때리고 있음이 분명했다.

"여러분, 지금 우리는 1911년의 원톤 캠프를 통과하고 있습니다. 그리고 잠시 후 우리는 남위 80°를 통과하게 되는데, 그곳에 보급품의 일부를 내려놓게 됩니다. 간단한 캠프도 설치하고요. 이것은 돌아올 때에 대비해서 만들어 놓은 것이지요. 하지만 그전에 잠시 들를 곳이 있습니다."

스키두는 속도를 줄이기 시작했다. 원톤 캠프로부터 약 18km 떨어진 곳이다. 멀지 않은 곳에 십자가의 표식이 나타났다. 그곳이 어딘지 우리는 알 수가 없었다.

스키두에서 내린 우리는 캡틴을 따라 십자가 쪽으로 다가갔다. 신기하게도 십자가 옆 얼음 위에 묘비명이 새겨지기 시작했다.

남극에서 과학적 연구에 노력하다 죽은 위대한 영웅 캡틴 스콧과 그의 고귀한 동료들을 기리며—마지막 위대한 탐험은 끝났지만 잊히지 않을 것이다.

이곳은 스콧 탐험대의 비극적인 최후의 장소였다. 원톤 캠프를 불과 18km 앞에 두고 맞은 안타까운 죽음이었다. 캡틴

은 고개 숙여 기도하고 있었다. 아마도 자랑스러웠던 자신의 동료들을 위해 기도하고 있는 것이리라. 우리도 조용히 눈을 감았다. 정적이 흐르고 남극의 차가운 바람 소리만 귓가를 스쳤다.

남위 80° 지점에 텐트를 치고 보급품을 그 안에 보관했다. 남극에서는 어떤 일이 어떻게 일어날지 모르는 노릇이다. 남극점을 정복한 다음 돌아오는 길은 오히려 더 험난할지도 모른다. 그때에 대비해서 여러 곳에 작은 캠프를 만들어 놓는 것이다.

"1911년, 우리 탐험대는 바로 이 장소에 캠프를 설치하려 했었어요. 하지만 대원들의 건강 상태가 좋지 못해 여기에 못 미치는 남위 79° 28′ 에 마지막 캠프인 원톤 캠프를 설치했지요. 모두 16개의 캠프를 설치한 것이었어요.

우리가 남극점으로부터 끝내 귀환하지 못하고 사고를 당하자 사람들은 얘기했지요. 만약 계획대로 남위 80°에 캠프가 설치되었더라면 대원 모두 살아 돌아올 수 있었을 것이라고요. 정말 그랬더라면 윌슨, 에번스, 바우어스, 오츠의 생명을 구할 수 있었겠지요. 모두 무사히 가족의 품에 돌아갈 수 있었을 겁니다."

어쩌면 이번 탐험은 캡틴 스콧에게는 너무나도 슬픈 추억을 되새기게 하는 마음 아픈 여행일지도 모른다. 그러나 캡틴은 지금 우리를 이끌고 있다. 자신의 실패를 통해 우리에게 남극을 가르쳐 주고 있는 것이다. 남극이 얼마나 험한 곳인가를, 그리고 남극이 얼마나 자신의 용기를 시험하는 곳인가를 보여 주고 있는 것이다.

남위 80°의 캠프 설치를 마치고 스키두는 다시 로스 빙붕 위를 달리기 시작했다. 상당히 먼 거리를 달리는 동안 캡틴 스콧은 1911년 탐험에서 중간 캠프를 설치했던 장소를 지날 때마다 설명을 덧붙였다.

한참을 달리자 거대한 산지가 모습을 드러냈다. 남극 횡단 산지가 눈앞에 펼쳐졌다. 그리고 빙붕과 산지가 만나는 지점에 도착하여 스키두는 멈춰 섰다.

“오늘은 여기서 잠시 쉬었다 가기로 하지요. 이 장소는 내 탐험대가 1911년 12월 9일에 머물렀던 31번째 캠프였어요.”

시간이 오후로 접어들자 눈보라와 함께 바람이 거세게 몰아쳤다. 산맥을 타고 내려오는 바람은 강풍으로 몸을 제대로 가눌 수가 없었다. 텐트 안에서조차 몸이 흔들릴 지경이었다. 스콧은 아무 일 없는 듯했지만 4명의 참가자는 두려움에 떨었다. 드디어 거친 남극 한가운데 내동댕이쳐진 느낌이었다.

만화로 본문 읽기

푸드덕
저기 봐! 엄청나게 큰 새가 있어.
부웅~

남극의 해안에서 가끔씩 볼 수 있는 앨버트로스예요. 날개 길이가 무려 3m에 이르고, 무게도 12kg이나 나가지요. 바다에 사는 새 중 몸집이 가장 크지요.

한 번에 1만 km 이상 이동할 수 있는데, 어떤 것은 지구 한 바퀴를 돌기도 하지요.
기분 좋은데요.

하지만 앨버트로스는 남극에서 가장 심각하게 멸종 위기에 놓여 있는 동물이기도 해요.
그건 왜 그런 것이죠?

남빙양에서 조업하고 있는 고깃배의 미끼를 먹다가 미끼에 달린 밧줄에 이끌려 익사하게 되는 거지요. 이대로 가다가는 20~30년 안에 멸종하고 말 거예요.
너무 슬픈 일이에요.

그렇지만 너무 슬퍼하지 마세요. 과학자들이 앨버트로스를 보호하기 위한 여러 방법을 찾고 있으니까요.
좋은 방법이 꼭 있을 거예요.

넷째 날 저녁

6

남극의 얼음은 어떻게 만들어졌나요?

남극의 얼음은 어떻게 만들어졌을까요?
남극의 얼음에 대해 알아봅시다.

6

넷째 날 저녁

남극의 얼음은 어떻게 만들어졌나요?

교과연계		
	초등 과학 3-1	4. 날씨와 우리 생활
	초등 과학 5-2	8. 물의 여행
	중등 과학 2	6. 지구의 역사와 지각 변동
	중등 과학 3	4. 물의 순환과 날씨 변화
	고등 지학 I	1. 하나뿐인 지구

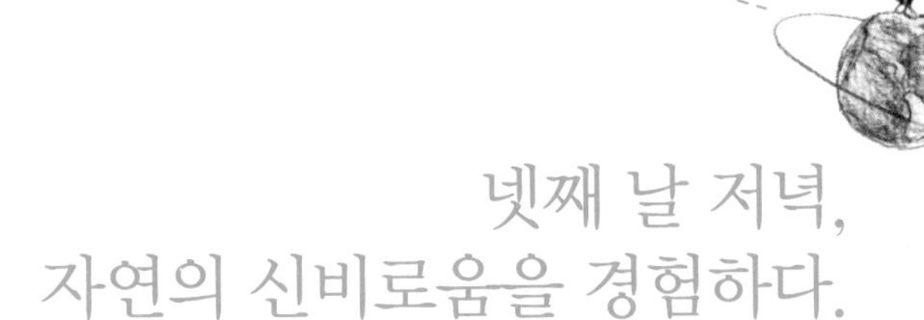

넷째 날 저녁,
자연의 신비로움을 경험하다.

바깥에는 아직도 바람이 세차게 몰아치고 있었다. 텐트 출입구를 조금만 열어도 엄청난 바람이 텐트 안을 휘저어 놓았다. 바깥은 눈보라 때문에 앞이 전혀 보이지 않을 지경이었다. 이런 상황에서는 밖으로 나갈 엄두조차 나지 않았다.

"이미 지도에서 확인했듯이 우리는 지금 로스 빙붕과 남극 횡단 산지가 만나는 곳에 위치하고 있습니다. 로스 빙붕의 아래는 바다이지만 남극 횡단 산지에서 더 내륙 쪽으로는 두꺼운 얼음층이 대륙 바로 위에 놓여 있습니다. 남극 대륙이라는 얼음의 땅을 이해하기 위해서는 좀 더 설명이 필요할 것

같군요.”

사실 우리들은 남극을 덮고 있는 얼음에 대해서는 잘 모르고 있었다. 이 두꺼운 얼음들이 언제 어떻게 만들어졌는지에 대한 캡틴 스콧의 설명이 이어졌다.

“남극 대륙이 지금처럼 눈과 얼음으로 덮이게 된 것은 며칠 전에 얘기했던 남극 대륙의 이동과 관계가 있습니다. 남극 대륙이 곤드와나 대륙에서 떨어지기 전에는 기후가 따뜻해서 많은 동식물들이 살 수 있었습니다. 그러다 남극 대륙이 서서히 남쪽으로 움직여 가면서 조금씩 날씨 변화가 생기기 시작했지요. 추워지기 시작한 것입니다.”

남극은 처음부터 얼음으로 덮여 있었던 것이 아니었다. 오랜 옛날에는 남극에도 따뜻한 시절이 있었는데 세월이 흐르면서 거의 대부분의 땅이 얼음으로 덮여 버렸다는 얘기다. 도대체 어떤 일이 일어난 것일까?

“특히 남극 대륙이 곤드와나 대륙에서 거의 떨어졌을 무렵, 남극 대륙 주변에는 차가운 바닷물의 흐름이 남극 대륙을 둘러싸게 되었습니다. 바닷물의 흐름을 ‘해류’라고 하는데, 해류에는 따뜻한 흐름과 차가운 흐름이 있습니다.

남극 주위를 빙 둘러싸는 해류는 남극 환류라고 하는데, 이 해류는 세계에서 제일 차가운 해류입니다. 남극 환류는 적도

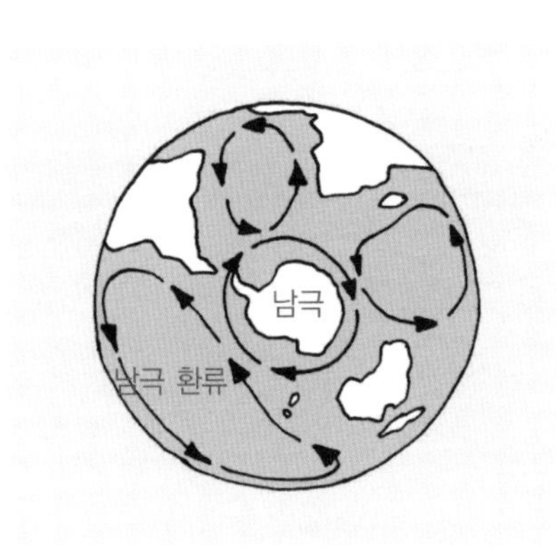

로부터 남쪽으로 내려오는 따뜻한 해류를 막으면서 남극 대륙을 고립시키고 날씨는 매우 추워지기 시작합니다.

남극 대륙의 날씨가 추워지면서 만들어지는 얼음도 양이 늘어나게 되었습니다. 과학자들은 5000만 년 전부터 지금까지 남극 대륙의 기온이 내려갔을 것으로 생각합니다. 그리하여 남극 대륙은 지구에서 가장 추운 지방으로 남게 된 것입니다."

그러면 남극 대륙에는 도대체 얼마 정도의 눈과 얼음이 쌓여 있는 것일까? 하지만 우리들의 의문은 곧 풀렸다.

"남극 대륙의 98% 정도가 눈과 얼음에 덮여 있습니다. 거의 전부라고 할 수 있지요. 얼음의 두께가 평균 2,160m이며, 두꺼운 곳은 무려 4,800m의 얼음층이 존재합니다. 남극 대륙의 얼음은 전 세계 얼음의 90%나 됩니다. 이 얼음을 모두 녹이면 세계의 바다 표면이 무려 70m가량이나 올라가게 됩

니다. 어마어마한 양이라고 할 수 있지요."

남극의 얼음이 전부 녹으면 전 세계 해안에 있는 도시들은 물에 잠기게 된다는 얘기인가?

"그러나 걱정할 필요는 없어요. 그런 일은 간단히 일어나지 않습니다. 남극의 바깥쪽이라면 모를까 내륙의 두꺼운 얼음을 다 녹이는 일은 거의 불가능하니까요."

휴~, 안심이다. 집이 바닷가에 있는 한 친구의 얼굴에 안심하는 기색이 역력했다.

"남극 대륙을 덮고 있는 얼음은 엄청나지만 얼음의 모습에는 여러 가지가 있습니다. 모습에 따라 빙상, 빙붕, 빙산, 해빙 등으로 나눕니다.

남극 대륙을 덮고 있는 두꺼운 얼음 덩어리를 빙상이라 부릅니다. 그리고 남극의 빙상은 지구에서 가장 큰 얼음 덩어리입니다. 얼음의 면적만 해도 한반도의 약 60배에 가깝다고 할 수 있지요. 남극을 동쪽과 서쪽으로 나누어 보면 동남극의 빙상은 대부분이 육지를 덮고 있으나 서남극의 빙상은 바다를 덮고 있습니다."

빙상, 남극 대륙, 아니 세계에서 제일 큰 얼음 덩어리. 한반도의 60배. 어떻게 이런 어마어마한 얼음이 지금까지 녹지도 않고 계속 만들어질 수 있었을까?

"남극에서는 여름에도 기온이 영하이기 때문에 빙상 표면에 쌓인 서리와 얼음은 녹지 않고 매년 쌓입니다. 그러면 남극에 내린 눈이 쌓여 얼음이 되는 과정을 알아볼까요?"

드디어 남극 얼음의 정체가 하나씩 둘씩 모습을 드러내기 시작하고 있었다.

"남극 주변의 바다에서 증발한 수증기는 눈이 되어 남극에 내립니다. 이 눈은 밀도가 0.3g/cm^{3}도 채 되지 않아 마치 솜털처럼 아주 가볍습니다. 눈이 계속해서 쌓이면 먼저 내린 눈은 위에 쌓인 눈에 의해 점점 압축되지요.

이런 과정이 계속되면 남극 표면의 눈은 어느새 만년설이라는 좀 더 단단한 눈이 되지요. 그리고 이 만년설도 점점 더 단단하게 굳어져서 결국에는 얼음이 되는데, 이 얼음을 빙하 얼음이라고 한답니다.

남극은 오랜 기간 동안 쌓인 눈으로 말미암아 거의 대부분

의 땅이 얼음으로 덮이게 된 것입니다. 이 두꺼운 얼음이 빙상을 이루는 것이지요."

남극의 두꺼운 얼음은 짧은 시간에 만들어진 것이 아니었다. 눈이 만년설이 되고 만년설이 다시 빙하 얼음이 되어 두껍게 남극 대륙을 덮고 있는 것이었다.

"빙하 얼음은 고체처럼 보이지만, 빙상에서 엄청난 압력을 받게 되면 끈끈한 액체처럼 흐르기도 합니다. 이 사실은 남극에서의 얼음을 이해하는 데 매우 중요합니다. 빙상이 새로운 눈이 내려 두꺼워지기만 하는 것이 아니라 중력에 의해서 바다를 향해 흐르기도 한다는 것이지요.

빙상은 마치 컨베이어 벨트같이 움직이는데, 바다에서 증발한 수증기가 눈이 되어 남극에 내리고, 눈은 얼음이 되어 빙상이 됩니다. 빙상은 다시 흐르고 흘러서 언젠가는 바다로 되돌아가는 것이지요."

자연은 이토록 신비롭다. 바다의 물도 남극 대륙의 얼음도 전체가 하나의 순환을 이룬다. 바닷물이 눈이 되고, 눈은 다시 얼음이 되고, 이 얼음은 언젠가 다시 바다로 되돌아간다. 남극에서 이 순환은 적어도 수천만 년 동안 계속되어 온 것이라는 캡틴의 설명은 경이롭기만 했다.

스콧은 자신의 배낭 속에서 남극의 지도를 꺼내 펼쳤다.

"여러분도 이미 알다시피 남극 대륙 주변은 남극해라는 바다가 둘러싸고 있어요. 남극 대륙을 덮고 있는 빙상도 대륙 주변에서는 바다와 만나게 됩니다. 빙상이 바다 쪽으로 뻗게 되면 빙상의 아래는 땅이 아니라 바다와 접촉하게 되지요. 그러니까 두꺼운 얼음층이 바다 위에 떠 있게 되는데, 이것을 빙붕이라고 한답니다. 남극의 대부분이 빙붕으로 둘러싸여 있는데 어떤 빙붕들은 한국의 면적보다 훨씬 크답니다. 우리가 오늘 건너온 로스 빙붕이 그래요. 남극에서 제일 큰 빙붕이지요."

우리는 스키두를 타고 단순한 빙원을 건너온 것이 아니었다. 바다 위에 떠 있는 얼음을 건너온 것이다. 그것도 남극에서 제일 크게 떠 있는 얼음을.

"빙붕은 빙상에 붙어 있기도 하지만 때로는 깨져 나가는데 이때 바다를 떠돌아 다니는 커다란 얼음의 산인 빙산이 생기는 것입니다. 빙붕이 깨져 빙산이 생기는 것은 지구의 기후

변화와 관계가 있기 때문에 매우 중요한 현상이기도 합니다. 빙붕에서 깨져 나간 빙산 중에는 크기가 엄청난 것도 있습니다. 길이만 해도 무려 150km가 넘지요. 이런 빙산은 펭귄에게도, 남극에서 활동 중인 과학자들에게도, 또 주변 바다를 항해하는 선박에게도 커다란 위협이 됩니다."

북극해를 항해하던 타이타닉 호가 빙산에 부딪혀 침몰한 이야기를 배경으로 한 영화 〈타이타닉〉이 떠올랐다.

"남극 대륙에만 얼음이 덮이는 것은 아닙니다. 겨울이 되면 남극 주변 바다가 얼게 되겠지요. 그러면 바다가 얼음으로 덮이게 되는데, 바다의 얼음이라 해서 해빙이라고 합니다. 남극 대륙의 얼음이 눈이 쌓여 만들어진 것이라면, 해빙은 소금기 있는 바닷물이 얼어 만들어진다는 차이가 있습니다.

과학자의 비밀노트

남극 최대의 빙산

아마도 지금까지 남극에서 만들어진 빙산 중에서 가장 큰 것은 2000년 로스 빙붕에서 떨어져 빙산일 것이다. B-15라고 이름 붙여진 이 빙산은 무려 길이가 295km, 너비가 37km나 된다. 그런데 이 빙산은 2003년에 길이가 150km 정도인 두 조각의 빙산, 즉 B-15A와 B-15K로 깨져 남극 주변을 떠다니고 있다. 지금 남극을 위협하는 가장 무서운 빙산이다.

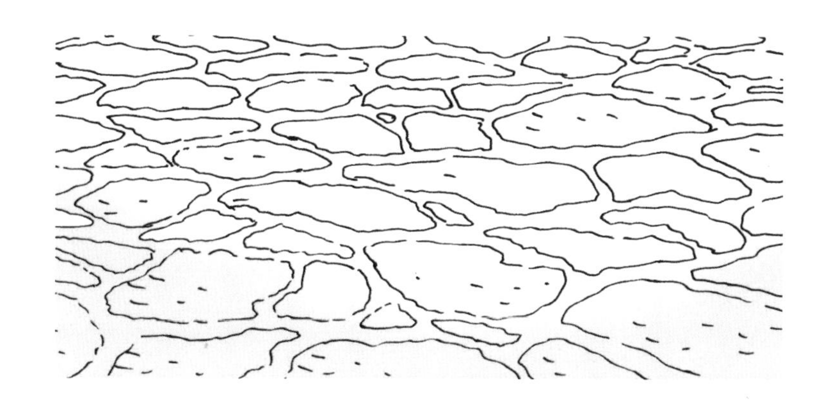

해빙은 비록 몇 m 두께의 얼음에 불과하지만 바다와 대기 사이의 열 교환을 감소시켜 남극을 더욱 차갑고 건조하게 만듭니다.

과거 남극의 탐험 시대에 해빙은 탐험대의 선박을 꽁꽁 묶어 놓기도 했습니다. 일단 남극의 바다가 얼게 되면 배를 이용한 보급은 끊어지게 되지요. 남극 탐험 초기에는 이런 불상사가 여러 번 일어났습니다. 하지만 최근에는 얼음을 깨고 전진할 수 있는 쇄빙선이 있어서 많은 도움이 됩니다."

시간이 지나도 바깥에서 부는 바람이 잔잔해지지 않는다. 아마 꼼짝없이 텐트 안에 갇혀 있을 수밖에 없었다. 남극의 추위에 대비해 단단히 준비를 했지만, 바람 소리는 우리 몸을 더욱 차갑게 만들었다. 온몸이 으슬으슬 추워지고 손가락, 발가락이 시려 오기 시작했다. 캡틴은 준비해 온 난로에 불을 붙였다. 그

리고 말을 이었다.

"남극은 지구에서 가장 춥고 가장 바람이 센 대륙입니다. 또, 두꺼운 빙상으로 덮여 있지만 가장 건조한 지역의 하나이기도 합니다. 얼음이 있는데 왜 건조하다고 말하는 것일까요?

남극 내륙 지방의 대부분은 일 년 동안 내리는 눈의 양을 물로 계산해서 50mm도 되지 않기 때문에 기후로 말하면 건조 기후라고 할 수 있습니다. 내리는 눈의 양이 아주 적어도 기온이 영하이기 때문에 수십만 년간 쌓여 두꺼운 빙상을 만든 것이지요.

남극의 겨울 동안 빙상과 만나는 공기는 빠르게 차가워지고, 또 무겁기 때문에 대륙의 높은 곳에서 낮은 해안을 향해 불어 갑니다. 지구의 회전은 이 흐름을 왼쪽으로 휘게 만들면서 '카타바틱 바람'(극지풍)이라는 하강 기류를 발생시킵니다. 이 바람은 남극의 가파른 해안에서는 더욱 강하게 부는데, 초기 남극 탐험대를 괴롭힌 바람이기도 합니다."

그렇지 않아도 추운 곳인데 이토록 거센 바람이 불면 얼마나 더 추울까? 도대체 남극은 얼마나 추운 곳일까?

"남극에서 가장 따뜻한 곳이라면 대륙 주변의 해안가로 여름철(12~2월)에 0℃에 가깝고, 남극 반도의 북쪽에서는 심지어 영상을 가리키기도 합니다. 그러나 겨울이 되면 해안가라 하더라도 평균 −10 ~ −30℃ 가까이 내려갑니다.

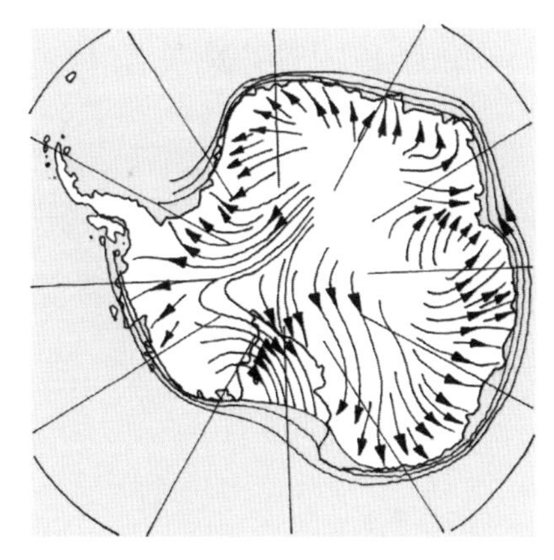

카타바틱 바람의 이동 경로

남극 대륙의 내륙은 지형적으로 높고 극점에 가까우며, 또한 해안으로부터 멀리 떨어져 있습니다. 그래서 여름에도 기온이 −20℃ 정도이고, 겨울이 되면 평균 −60℃까지 내려갑니다. 내륙의 러시아 보스토크 기지에서는 지구에서 가장 낮은 −89.6℃를 기록하였습니다.”

와, −89.6℃! 우리는 집에서 −10℃만 되어도 밖으로 나가기 싫은데, 여름에 −20℃, 한겨울에 최저 −90℃ 가까운 추위라니……. 어떻게 이런 곳에 사람이 살 수 있을까? 또, 이런 추위를 뚫고 남극점을 정복한 사람들이 있다니……. 그들은 누가 뭐래도 위대한 영웅들임이 틀림없다.

“최근 지구 온난화의 영향 때문인지 남극 반도 서쪽 지역은 평균 기온이 약간 올라갔지만, 남극 대륙의 내륙은 오히려 조금 더 내려갔다고 합니다. 하지만 아직도 남극은 지구에서

가장 추운 지역임이 틀림이 없습니다."

시계의 똑딱거리는 소리와 바깥의 거친 바람 소리가 화음을 이루고 있었다. 난로의 온기와 좋은 단열재로 만든 침낭이 조금씩 우리들 몸을 데워 주고 있었다.

만화로 본문 읽기

남극에서는 여름에도 기온이 영하이기 때문에 빙상 표면에 쌓인 서리와 얼음은 녹지 않고 매년 쌓입니다. 그러면 남극에 내린 눈이 쌓여 얼음이 되는 과정을 알아볼까요?

남극 주변의 바다에서 증발한 수증기는 눈이 되어 내리는데, 이 눈은 솜털처럼 아주 가벼워요. 밀도가 0.3g/cm³도 채 되지 않지요. 눈이 계속해서 쌓이면 먼저 내린 눈은 위에 쌓인 눈에 의해 점점 압축되지요.

쾅 쾅
이런 과정이 계속되면 어느새 만년설이라는 좀 더 단단한 눈이 됩니다. 그리고 이 만년설도 점점 더 단단하게 굳어져서 결국 얼음이 되는데, 이 얼음을 '빙하 얼음'이라고 해요.

남극은 오랜 기간 동안 쌓인 눈으로 말미암아 거의 대부분의 땅이 얼음으로 덮이게 되었고, 이 두꺼운 얼음이 빙상을 이루는 것이지요.

빙하 얼음은 고체처럼 보이지만 빙상에서 엄청난 압력을 받게 되면 끈끈한 액체처럼 흐르기도 하지요. 이 사실은 남극에서의 얼음을 이해하는 데 매우 중요합니다. 빙상이 새로운 눈이 내려 두꺼워지기만 하는 것이 아니라 중력 작용에 의해서 바다를 향해 흐르기도 하지요.
풍덩

빙상은 마치 컨베이어 벨트같이 움직이는데, 바다에서 증발한 수증기가 눈이 되어 남극에 내리고, 눈은 얼음이 되어 빙상이 됩니다. 빙상은 다시 흐르고 흘러서 언젠가는 바다로 되돌아가지요.

다섯째 날 아침

7

남극의 얼음과 지구의 기후 변화는 어떤 관계가 있나요?

남극의 얼음으로 지구의 과거 기후를 어떻게 알 수 있을까요?
남극의 얼음과 지구 기후의 관계를 알아봅시다.

7

남극의 얼음과 지구의 기후 변화는 어떤 관계가 있나요?

교. 과. 연. 계.

초등 과학 3-1	4. 날씨와 우리 생활
초등 과학 5-1	8. 물의 여행
중등 과학 2	6. 지구의 역사와 지각 변동
고등 지학 Ⅰ	1. 하나뿐인 지구

다섯째 날 아침,
남극 횡단 산맥을 건너다.

부스럭거리는 소리에 눈을 떴다. 텐트 출입구의 문이 열리더니 따가운 햇살에 눈이 부셨다. 커다란 그림자가 다가왔다. 캡틴 스콧이었다.

"자, 이제 다시 출발해야죠. 오늘은 가장 험한 길을 가야 해요."

우리는 텐트를 접고 모든 장비를 꾸린 다음 스키두에 올라탔다. 그런데 눈앞을 가로막고 있는 남극 횡단 산지를 어떻게 건널 수 있을지 걱정이 앞섰다. 폭만 해도 무려 300km나 되는 산지를 무슨 수로 건너간단 말인가?

"여러분 좌석의 안전띠를 확인하세요. 지금부터 스키두가 비행을 시작합니다."

그제야 스키두가 수직 이착륙이 가능하도록 개조되어 있다는 사실이 생각났다. 스키두의 몸체 아래에서 강한 진동이 느껴졌다. 곧 스키두가 떠오르기 시작했다. 스키두 몸체 아래에 있던 작은 구멍들에서 매우 강한 압축 공기가 뿜어져 나왔다.

스키두가 웅장한 산맥을 타고 오르자 우리는 환성을 질렀다.

"이 스키두는 비행기나 헬리콥터처럼 비행할 수 없습니다. 산악 지역을 오를 수 있을 정도의 비행 능력밖에 없어요. 그러니까 도중에 여러 번 떴다 내렸다를 반복해야 합니다."

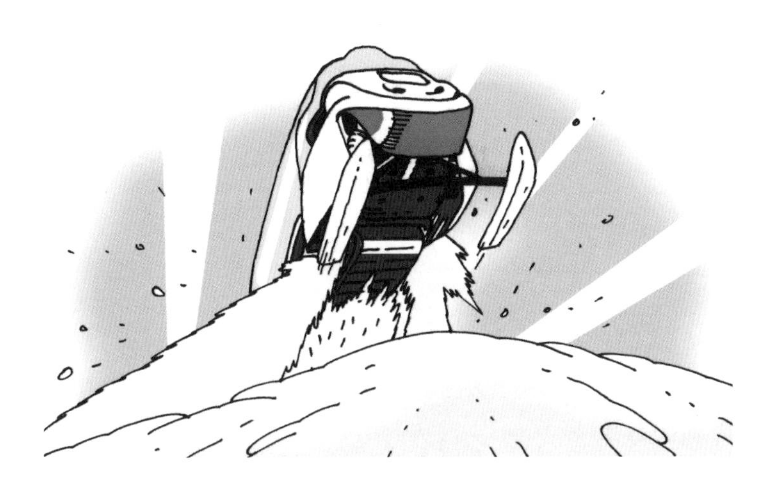

어느새 캡틴 스콧은 유능한 조종사가 되어 있었다.

"여러분, 아래를 보세요. 지금 우리는 빙하 지역을 통과하고 있습니다. 아래의 빙하는 비어드모어 빙하라고 이름 붙여져 있어요."

빙상이니 빙붕이니 하는 말보다 빙하라는 말은 우리에게도 친숙했다. 많이 들어 봤던 말이기 때문이다. 빙하는 말 그대로 얼음의 강 같았다. 높은 곳에서 낮은 곳으로 얼음이 흐르고 있는 것처럼 보였다.

"빙하는 얼음이 흘러가는 듯한 모습을 하고 있지요? 정말로 흐르고 있습니다. 땅 위에 얼음이 두껍게 쌓이면 얼음의 아래쪽은 위에서부터 내리누르는 엄청난 힘을 받게 되죠. 이 힘 때문에 얼음의 아래쪽은 비교적 부드러운 성질을 가지게

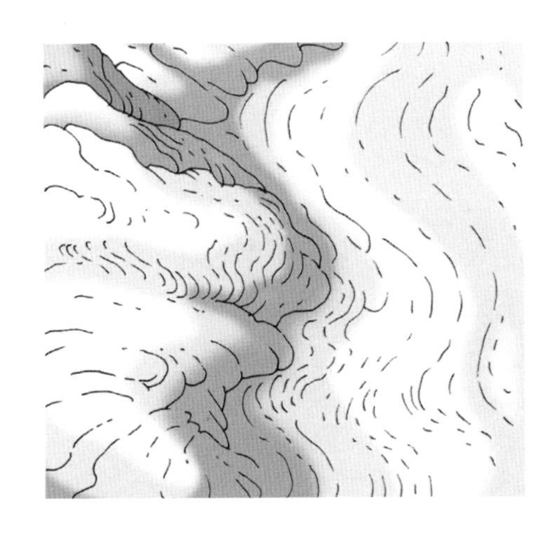

된답니다. 그리고 땅이 경사져 있기 때문에 얼음의 아래쪽은 낮은 곳으로 흐르려고 합니다. 빙하는 이런 식으로 흘러가는 것이에요."

빙하의 모습은 한마디로 장관이었다. 그저 편평하게 펼쳐진 빙원이 아니라 여러 가지 얼굴을 가지고 있었다. 흘러가는 모습도 아름답지만 군데군데 나 있는 줄무늬의 띠가 매우 독특했다. 그런데 빙하 위에 선으로 그은 것 같은 줄무늬는 무엇일까?

"빙하 표면을 자세히 보세요. 빙하가 흐르는 방향과 수직 방향으로 선들이 보이죠. 그것들이 바로 크레바스입니다. 크랙과 크레바스는 빙상 위를 탐험하는 사람들에게는 너무나도 위험한 곳입니다. 빠지면 큰일 납니다."

발 아래로 악명 높은 크레바스가 보였다. 크레바스 위로 눈

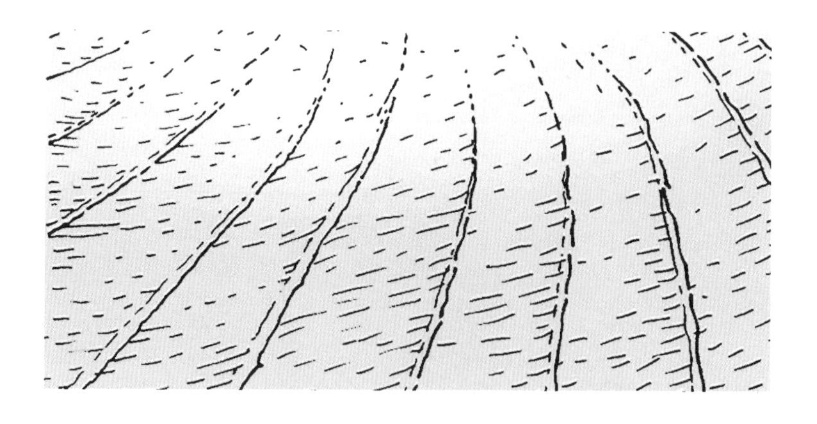

이 살포시 덮여 있으면 보이지 않는 경우가 대부분이다. 발을 잘못 디디면 깊이를 알 수 없는 곳으로 추락하고 마는 것이다.

"저는 크레바스 안을 본 적이 있습니다."

우리의 눈이 놀란 토끼눈처럼 동그래졌다. 캡틴이 크레바스에 빠진 적이 있었단 말인가?

"한 번은 캠프 설치 도중이었고, 또 한 번은 남극점을 정복하고 귀환하던 때였지요."

캡틴이 과거를 회상하는 듯 눈을 지그시 감았다가 뜨며 말했다.

"첫 번째는 내가 크레바스에 빠진 것이 아니라 썰매 개들이었어요. 남극점을 정복하기 전에 남위 80° 지점까지 여러 곳에 캠프를 설치했었다고 했지요? 당시 우리 팀이 숨겨진 크레바스를 건너다 썰매를 끌던 개들이 크레바스 아래로 빠진 것이에요. 대부분의 개들은 묶어 놓은 밧줄에 대롱대롱 매달려 있었지만, 그중 2마리가 아래로 추락했어요."

얘기를 듣는 순간 온몸이 섬뜩했다. 크레바스에 빠지면 끝인데……. 혹시라도 우리가 타고 있는 스키두가 빠지지는 않을까 불안해졌다.

“다행히 크레바스 아래 17m가량의 깊이에 턱이 있었고, 추락한 개들이 거기에 걸려 있었어요. 다른 대원들이 말리기는 했지만 크레바스 안을 보고 싶기도 하고 해서 내가 내려가 구해냈지요.”

역시 캡틴 스콧이었다. 개 한 마리의 목숨도 소중히 여기고, 또 과학적 호기심도 매우 강한 우리의 대장이었다. 캡틴과 함께하는 한 우리는 안전할 것이라는 생각에 조금 전의 불안감은 어느덧 사라졌다.

“두 번째는 내가 추락한 것이 맞아요. 에번스와 함께 크레바스로 떨어졌지요. 다행히 썰매와 연결되어 있어 무사했지만요. 하여간 남극의 얼음 위를 걸을 때는 크레바스를 조심해야 해요.”

빙하 지역을 벗어나는가 싶더니 끝없이 넓게 펼쳐진 빙원이 눈앞에 나타났다.

"여러분 우리는 제일 험한 남극 횡단 산맥을 건넜습니다. 지금부터 남극점까지는 빙상의 빙원이 계속 펼쳐집니다."

스키두는 빙상 위에 착륙했다. 캡틴이 잠시 내리라고 했다. 스키두에서 내린 우리는 약간 숨이 가쁜 것을 느꼈다.

"우리가 출발한 에번스 곶은 해안가에 있었지요? 그리고 우리는 약 700km의 로스 빙붕을 건너고, 300km의 남극 횡단 산지를 넘어 왔어요. 여기부터는 남극 대륙에서 가장 넓은 빙상의 고원이 펼쳐집니다. 남극점까지는 고도가 2,000m에서 3,000m까지 계속 이어질 것입니다."

드디어 우리는 남극의 빙상 위에 서 있었다. 그리고 조금만 가면, 아니 조금이라 해도 300km나 남았지만, 하여간 남극점이 멀지 않았다.

캡틴은 스키두에서 둥근 파이프 같은 장비를 꺼냈다. 지름이 10cm, 길이 1m 정도인 파이프가 여러 개였고, 캡틴이 그것들을 연결하자 아주 긴 파이프가 되었다. 이 파이프에 동력 전달 장치를 연결했다.

"이것은 '자동 오거 시료 채취기'라고 합니다. 이것을 빙상의 얼음 위에 박아 넣고 동력 전달 장치의 스위치를 켜면 파

이프는 얼음을 뚫고 내려갑니다.”

우리는 이 작업을 왜 하는지 전혀 알 수 없었다.

“일단 파이프 길이만큼 내려간 다음 반대쪽 스위치를 켜 주면 파이프는 다시 올라옵니다.”

빙상 위에 구멍을 내서 무엇을 할까 생각했는데, 단순히 구멍을 내는 것이 아니었다. 내려갔다 올라온 파이프를 열자, 거기에는 무척 투명하고 깨끗한 얼음 기둥이 들어 있었다.

“이것을 ‘얼음 시추 코어’라고 합니다. 우리가 남극이나 북극에서 이런 얼음 시추 코어를 채취하는 것은 지구의 기후 변화를 공부하기 위해서이지요.”

얼음에서 지구의 기후 변화를 연구하다니, 이해하기 어려웠다. 투명하고 예쁜 얼음이 지구의 기후와 무슨 관계가 있

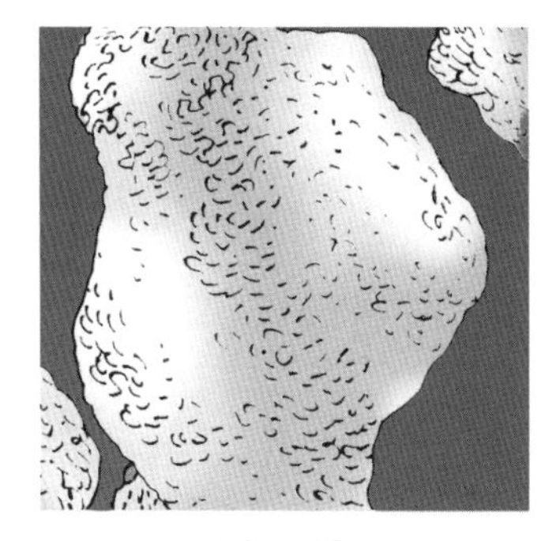

남극 얼음

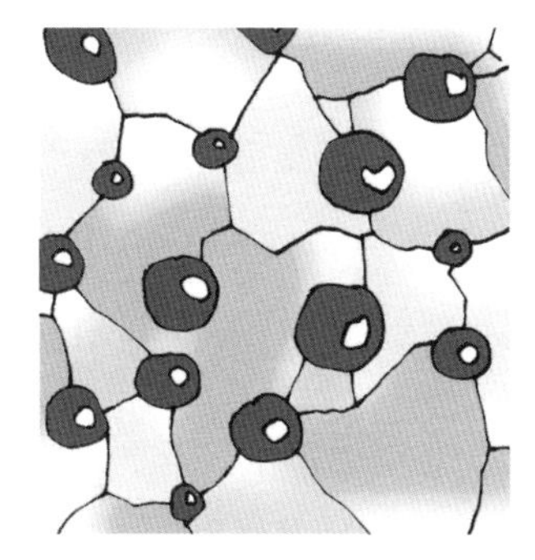

남극 얼음 속 공기 방울

다는 것인지 알 수가 없었다.

"전에 설명했듯이 남극 빙상의 얼음은 쌓인 눈이 아주 단단하게 된 것이라고 했지요? 재미있는 것은 남극에 내린 눈이 얼음이 되더라도 눈 속에 느슨하게 들어 있던 공기 방울은 그대로 얼음에 갇혀 버리는 것입니다. 남극의 얼음 속에는 많은 공기 방울이 들어 있는 것이지요. 과학자들은 이 공기 방

울을 이용하여 과거의 기후를 연구하고 있습니다."

얼음 속에 공기 방울이 들어 있다! 그리고 그 공기는 눈 내리던 당시 지구의 공기를 대표한다. 그래서 얼음 속 공기를 통해 과거 지구의 대기 상태나 기후를 알아낼 수 있는 것이구나.

"얼음의 표면이 얼었다 녹았다를 반복하지 않는 한, 아주 얇은 얼음층 하나는 1년 동안 내린 눈의 두께를 나타냅니다. 눈이 매년 계속 쌓여 얼음층이 된다면 얇은 층 하나하나는 1년씩의 시간을 나타내지요. 그런 식으로 계속 쌓여 간다면 남극 빙상 아래에는 오랜 시간의 얼음이 연속적으로 쌓여 있는 것이 됩니다. 다시 말하자면 남극의 얼음층은 지구의 시간을 거슬러 올라갈 수 있는 좋은 타임머신이 되는

과학자의 비밀노트

남극 빙상, 지구 환경의 타임캡슐

지구의 과거는 남극 대륙을 덮고 있는 얼음에 가장 잘 간직되어 있다. 남극 빙상에는 태양, 삼림, 사막, 화산 등을 기원으로 하는 다양한 물질이 운반되어 오랜 세월 동안 눈과 함께 퇴적되었기 때문이다. 이 눈은 오랫동안 다져져 얼음이 되는데, 이때 공기도 기포 형태로 얼음 안에 갇힌다.

과학자들은 이 얼음 속의 물질을 분석하여 과거 수십만 년 동안의 지구 기후 변화를 높은 정밀도로 복원할 수 있다. 그래서 남극 빙상은 지구 환경의 타임캡슐로 일컬어진다.

것이에요."

과거 지구의 기후를 알 수 있는 방법이 남극에 있다니 놀라웠다. 왜 캡틴 스콧이 남극에서의 탐험이 단순한 남극점 정복이 아니라, 지구를 알기 위한 과학적 탐험이 되어야 하는지를 그토록 강조했는지 알 수 있을 것 같았다.

우리는 얼음 시추 코어를 마치 고대에서 건져 올린 보물인 양 아주 조심스럽게 다루었다. 준비해 온 냉동 박스에 얼음 시료를 넣고 번호를 매기고 노트에 기록했다.

만화로 본문 읽기

이것은 자동 오거 시료 채취기예요. 빙상의 얼음 위에 박아 넣고 동력을 주면 얼음을 뚫고 내려가 얼음 덩어리를 채취해서 올라오지요.
얼음 덩어리로 뭘 하시려고요.

이것은 얼음 시추 코어인데, 이것으로 지구의 기후 변화를 공부할 수 있어요.
네? 얼음 덩어리로 어떻게 지구의 기후 변화를 공부할 수 있지요?

남극의 얼음은 쌓인 눈이 단단하게 된 것이에요. 재미있는 사실은 눈이 얼음이 되더라도 눈 속에 있던 공기 방울은 그대로 갇혀 버린다는 점이지요.

그러니까 얼음 속에 들어 있는 공기 방울은 눈 내리던 당시 지구의 공기가 들어 있다는 것이군요.
그렇지요.
눈 내리던 지구의 공기

얼음 표면이 얼었다 녹았다를 반복하지 않으면, 얇은 얼음층 하나는 1년 동안 내린 눈의 두께가 되지요.

남극의 얼음층은 지구의 시간을 거슬러 올라갈 수 있는 타임머신 같아요.
조심조심! 정말 귀한 보물이라고.

다섯째 날 저녁

8

남극과 지구 환경 오염의 관계는 어떤가요?

남극의 자연으로부터 지구에 대한 어떤 정보를 얻을 수 있을까요?
남극의 얼음으로부터 얻을 수 있는 지구의 정보를 알아봅시다.

8

다섯째 날 저녁

남극과 지구 환경 오염의 관계는 어떤가요?

교과연계.

초등 과학 5-2	1. 환경과 생물
중등 과학 2	6. 지구의 역사와 지각 변동
고등 지학 I	1. 하나뿐인 지구

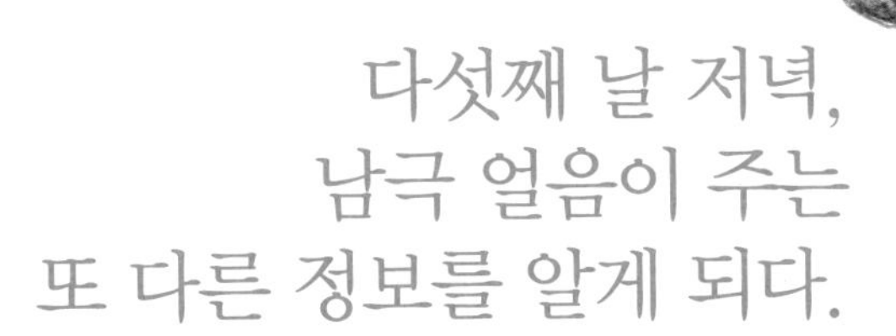

다섯째 날 저녁,
남극 얼음이 주는
또 다른 정보를 알게 되다.

남극점을 200km 정도 앞두고 우리는 텐트를 쳤다. 오늘 하루는 300km의 남극 횡단 산지를 건너고 100km의 빙상을 달려왔다.

먼 길을 달렸지만 무엇보다 소중한 것은 얼음 시추 코어의 시료였다. 지구 기후와 남극 얼음은 매우 밀접한 관련이 있다. 그러므로 우리는 오랜 옛날의 지구 기후를 알 수 있는 귀중한 자료를 손에 넣은 것이다.

"남극의 빙상에서 시추한 얼음은 과거 지구의 기후를 알 수 있는 좋은 자료가 된다고 얘기했지요? 그런데 이 얼음은 기

후뿐만 아니라 더 많은 정보를 주기도 합니다."

얼음에서 얻을 수 있는 정보가 또 있다는 얘기였다.

"인간이 지구에 살면서 지구의 환경에 끼친 영향은 아주 많지요. 그 영향은 대개는 나쁜 것이에요. 숲을 베고 가축을 사육하면서 어떤 지역을 사막으로 만들기도 했지요. 또, 석탄이나 석유를 개발하여 연료로 사용하면서 생활이 좋아지기는 했지만, 공기를 더럽히고 지구 온도를 높이게 되었지요."

캡틴 스콧이 얘기하는 내용은 학교에서 배운 적이 있다. 무분별한 삼림 훼손과 초목 지역의 훼손이 지구의 일부 지역을 사막화시킨다는 것, 또 석탄과 석유 같은 화석 연료를 대량 사용하면서 대기 오염이 일어난다는 것, 그리고 화석 연료에서 나온 이산화탄소가 지구를 온난화시킨다는 것이었다.

"남극 빙상의 얼음 안에는 최근 지구 대기의 오염 물질도 같이 들어 있지요. 얼음 속에 갇혀 있는 공기 중에 그 오염 물질이 포함되어 있어요. 과학자들은 얼음에서 지구 대기의 오염이 어떻게 진행되었는지를 찾으려고 애쓰고 있답니다.

또 있어요. 남극의 얼음 속에는 보통의 공기 중에 포함되어 있지 않은 물질도 있는데, 바로 재와 유황 성분의 물질입니다. 이 물질들은 화산이 폭발할 때 나온 것들이지요. 말하자면 남극의 얼음으로부터 과거 지구 표면에서 폭발한 화산 활동의 흔적을 찾을 수 있다는 말이에요."

그러고 보니 남극의 얼음이 우리에게 주는 정보는 무궁무진한 것 같았다. 남극 대륙은 지구의 가장 남쪽에 그냥 가만히 있는 것이 아니라 지구에서 일어나는 많은 사건들을 지켜보고 있고, 또한 그 정보를 자신의 얼음 속에 간직하고 있는 것이다. 지구의 백색 대륙은 이렇게 지구와 더불어 살아온 것이었다.

"지구 환경의 얘기가 나왔으니 말인데, 남극에서 알 수 있는 지구 환경의 위기가 더 있습니다. 오존층 파괴라고 들어보았지요?"

물론이다. 오존층을 파괴시키는 물질을 인간이 많이 사용하면서 오존층이 파괴되어 따가운 햇살을 많이 쬐면 좋지 않다고 들었다. 항상 외출할 때면 모자를 쓰고 가능하면 자외선 차단 크림을 바르라고 학교 선생님께서 말씀하신 적이 있었다.

"오존층은 지구 대기의 성층권에 위치한답니다. 지표에서 약 20~30km 상공에 오존이 밀집되어 층을 이루고 있지요. 그곳에는 산소 원자 3개가 모여 만들어진 오존 분자가 있는데, 이 오존이 태양에서 지구로 들어오는 강력하고 위험한 자외선을 막아 주고 있어요.

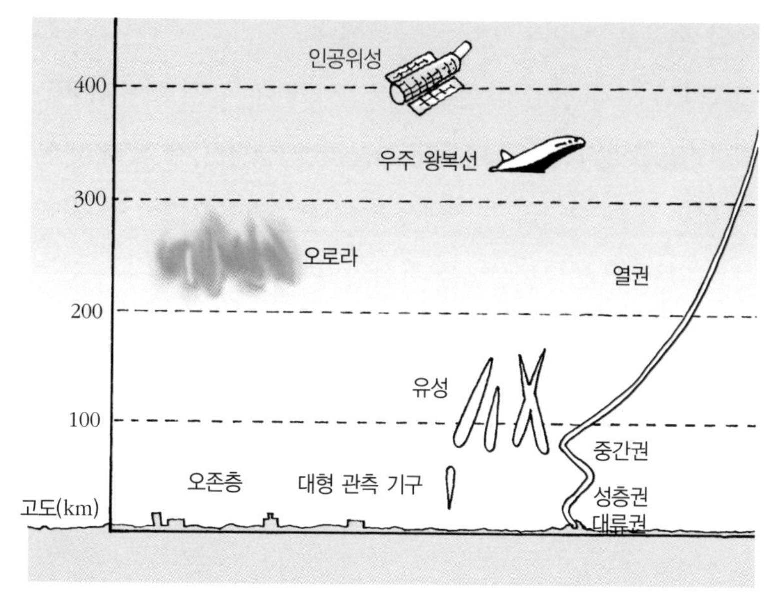

오존이 자외선을 막아 주지 못하면 태양 광선은 우리에게 큰 피해를 주게 됩니다. 자외선을 쐬게 되면 피부암과 같은 병에 걸리게 되지요. 그러고 보면 성층권에 있는 오존층은 우리에게 무척 고마운 존재예요."

오존층이 점점 사라지고 있다는 얘기를 책에서 읽은 적이 있는데, 지금 캡틴이 그 이야기를 우리에게 들려주었다.

"오존층이 점점 엷어지고 있답니다. 그 이유는 성층권의 오존을 파괴시키는 물질을 인간들이 마구 개발해서 사용했기 때문이지요. 냉장고와 소화기 등에 사용하는 물질이 그것들이에요. 과학자들은 남극의 하늘에서 오존의 양을 측정했고 조금씩 오존층이 엷어진다는 사실을 발견했습니다."

우리가 알고 있는 오존층의 문제가 남극에서 발견되었다는 사실은 처음 듣는 얘기였다.

"1985년, 남극에 있는 영국 핼리 기지의 과학자들은 매년 측정한 오존량에 이상이 생긴다는 사실을 밝혔어요. 오존의 양을 그래프로 나타내면 남극 상공의 한가운데 있던 오존량이 점점 줄어드는 거예요. 그래서 마치 구멍이 뚫린 것처럼 보였어요. 이 때문에 붙여진 이름이 오존 구멍이지요."

캡틴의 설명은 우리가 알고 있는 오존 구멍이 오존이 하나 없이 뻥 뚫린 구멍이 아니라 오존량이 적은 부분이 가운데 있어 그렇게 보이는 거라고 했다. 캡틴은 최근까지 매년 10월

과학자의 비밀노트

오존 구멍

남극 성층권의 오존이 급감하면서 구멍이 뚫린 것처럼 낮은 농도의 장소가 생기기 때문에 붙여진 이름이다. 1985년 말에 발표되어 큰 충격을 주었다. 원인에 대해서는 여러 가지 학설이 있는데, 최근에는 남극의 특이한 기상 조건하에서 플루오로카본이 오존을 파괴한 결과라고 보고 있다.

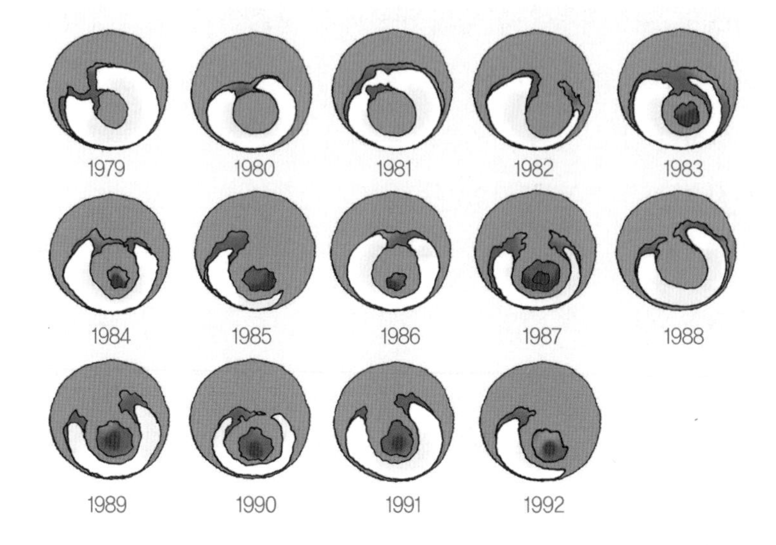

남극 상공에서 관측된 오존량의 변화 그림을 보여 주었다. 정말로 한가운데 오존량이 적은 부분이 나타났다.

"오존층을 보호하기 위해 세계적인 노력이 계속되고 있지요. 여러 가지 약속을 해서 오존층을 파괴시키는 물질을 사용하지 않도록 해야 합니다. 그리고 과학자들은 남극 상공에서의 오존량의 변화를 앞으로도 계속 관측해 나갈 거고요."

시간이 지날수록 우리는 남극이 지구의 역사와 변화를 직접 느끼고, 또 앞으로의 지구를 보존해 가는 데 아주 중요한 지역임을 깨닫게 되었다.

남극점이 눈앞에 있었다. 내일 아침이면 우리는 남극점에 도착할 것이다. 하지만 지금까지 남극에서 보고 느낀 것에 비하면 남극점에 도착한다는 것이 그다지 중요해 보이지는 않았다. 그래도 남극점에는 서 봐야지…….

캡틴 스콧이 잠시 텐트 바깥으로 나오라고 했다. 무슨 일인지 궁금한 마음으로 밖으로 나갔다.

"여러분, 하늘의 태양을 보세요."

하늘에는 여러 개의 태양이 떠 있었다. 너무 신기한 모습이다. 여러 개라고 해도 가운데 태양이 있고, 그 바깥으로도 여러 개의 동그란 띠의 태양이 있다. 어떻게 태양이 하나가 아니라 여러 개의 띠로 나타날 수 있을까? 모두 눈이 휘둥그레졌다.

"지금 우리는 환일이라는 현상을 경험하고 있습니다. 이 현상은 남극에서 나타나는 특이한 현상 중의 하나예요."

환일이라니? 혹시 지금처럼 태양이 고리처럼 나타나니까 '고리 환', '태양 일' 해서 환일이라고 하는 것일까?

"맞아요. 태양이 여러 개의 고리처럼 보인다고 해서 환일이라고 해요. 이 현상은 햇빛과 얼음 결정이 만들어 내는 일종의 프리즘 현상입니다. 남극 내륙의 공기는 아주 차가워서 수증기가 얼음 결정으로 존재하지요. 햇빛이 공기 중의 얼음 결정을 투과하기도 하고 반사하기도 하면서 여러 가지 모양을 만들어 내지요. 그중 하나가 여러 개의 고리 모양으로 나

타나는 환일 현상이랍니다.”

남극은 알면 알수록 더 복잡했다. 그리고 이 역시 지구의 한 모습이라고 생각하니 지금까지 우리가 모르고 있는 지구의 모습이 얼마나 더 있을까 궁금해지기도 했다. 지구는 넓고, 보아야 할 것도 알아야 할 것도 정말 많다. 이런 것들이 모두 용감한 탐험가들과 과학자들에 의해 밝혀졌다. 그들이 존경스러웠다.

만화로 본문 읽기

우리가 시추한 얼음은 과거 지구의 기후뿐만 아니라 최근 지구 대기의 오염 물질도 같이 들어 있어요.

대기 오염 물질이요?

화석 연료를 사용하면서 대기 오염이 발생했는데, 얼음 속 공기에 그 오염 물질이 포함되어 있지요. 또 보통의 공기에 없는, 화산재와 유황 성분도 들어 있답니다.
남극의 얼음이 우리에게 주는 정보는 정말 무궁무진하네요.

남극에서 알 수 있는 지구 환경의 위기가 더 있지요. 오존층 파괴라고 들어보았지요?
네, 들어본 것 같아요.

오존층은 지표에서 약 15~50km 상공인 성층권에 있는 두께 3mm의 얇은 층인데, 태양에서 지구로 들어오는 자외선을 막아 주고 있지요.
열권
중간권
성층권
오존
대류권

1985년 남극에 있는 핼리 기지 과학자들은 매년 측정한 오존량에 이상이 있다는 사실을 밝혀냈어요. 오존의 양을 그래프로 나타내면 마치 구멍이 뚫린 것처럼 보여서 오존 구멍이라 이름 붙였지요.

오존층의 문제가 남극에서 발견되었다는 사실은 처음 알았어요.
앞으로는 오존을 파괴시키는 물질의 사용을 우리 모두 줄여야겠어요.

여섯째 날 아침

9

남극점이란 무엇인가요?

지리적 남극점과 자기적 남극점은 어떻게 다른가요?
남극점에 대하여 알아봅시다.

9

여섯째 날 아침

남극점이란 무엇인가요?

교과 연계		
	초등 과학 3-1	2. 자석의 성질
	중등 과학 1	8. 지각 변동과 판구조론
	고등 과학 1	5. 지구
	고등 지학 I	1. 하나뿐인 지구
	고등 물리 I	2. 전기와 자기
	고등 지학 II	2. 대기의 운동과 순환

여섯째 날 아침,
험난한 '사스트루기'를 통과하다.

밤새 희한한 꿈을 꾸었다. 지금 남극은 해가 저물지 않는 계절이다. 그런데 나는 홀로 아주 캄캄한 남극의 밤하늘을 쳐다보고 있었다. 갑자기 머리 위에서 때로는 붉고 때로는 푸른 얇은 커튼이 남극 하늘을 수놓기 시작했다. 이 커튼은 주름이 잡히기도 하고 펼쳐지기도 하면서 한동안 넘실대더니 어느 순간 사라졌다. 그리고 깨어났다.

캡틴 스콧에게 간밤의 꿈 이야기를 했다. 그런데 신기하게도 나만 그런 꿈을 꾼 것이 아니라 이번 참가자 모두 비슷한 꿈을 꾸었다고 했다.

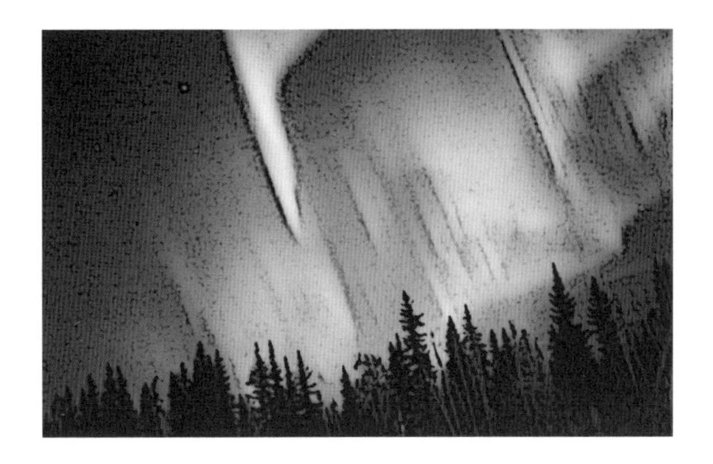

“하하하, 꿈속에서 오로라를 본 것이로군요. 오로라는 극광이라고도 하죠. 극지방의 빛 말이에요.”

아, 그것이 말로만 듣던 오로라였었구나. 극지방에서만 볼 수 있는 빛의 드라마.

“오로라는 자연의 TV라고 할 수 있어요. TV 모니터에서 빛이 방출되는 것과 비슷한 원리라고 할까요? 오로라는 태양에서 오는 전자들이 지구의 극 쪽으로 들어오면서 대기 중의 입자들과 충돌하여 만들어 내는 전기적인 현상입니다. 남극과 북극 양쪽에서 다 볼 수 있지요.”

그런데 우리는 왜 실제로 보지 못했던 오로라를 꿈에서 본 것일까?

“오로라는 밝은 밤하늘에서는 잘 볼 수 없어요. 남극이 여러분에게 특별히 보여 주고 싶어 여러분 꿈속에서 오로라를 연출시킨 게 분명해요."

며칠 되지 않았지만 우리가 남극에 있는 동안 밤에도 하늘은 계속 밝았다. 백야가 계속된 것이다. 이때는 오로라가 나타나더라도 잘 보이지 않는다고 했다. 오로라는 어두운 밤하늘에서 아주 찬란하게 나타나는 것이다.

"오로라는 태양으로부터 지구로 들어오는 강한 태양풍과 관계가 있습니다. 이 태양풍은 지구 자기장의 막에 막혀 대부분은 지구로 뚫고 들어오지 못하지요. 그런데 지구의 양극지방에는 자기장이 나가고 들어오는 부분이 있어서 태양풍의 방어막이 얇아지게 되거든요. 결국 태양풍의 일부가 극지방을 뚫고 들어와 하늘에서 전기적인 현상을 일으키면 형

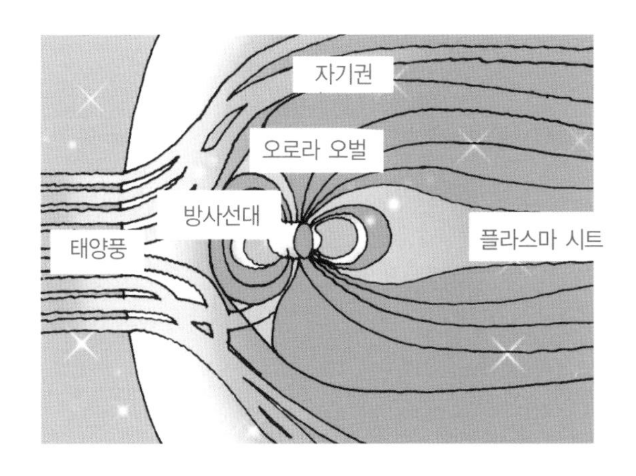

형색색의 오로라로 보이게 되는 것이랍니다.

오로라의 출현은 멋있게 보이지만, 때로는 인간 활동에 많은 피해를 주기도 합니다."

어떻게 그렇게 아름다운 현상이 인간에게 피해를 준단 말인가?

"태양풍은 지구의 여러 전자 장치를 방해하거나 쓰지 못하게 만들기도 해요. 태양풍이 강하면 통신을 끊어 버리기도 하고, 때로는 집에서 보는 TV를 지지직거리게도 만들어요. 아무튼 이번 탐험에서 오로라를 볼 수 없어 실망스러울 것 같았는데 꿈속에서나마 보게 되어 다행이에요."

미소짓는 캡틴의 얼굴이 그리 온화할 수 없었다.

"자, 이제 남극점을 향해 떠날 시간이에요."

스키두는 부릉거리며 남쪽의 끝을 향해 출발했다. 스키두의 진행은 생각보다 매우 더뎠다. 캡틴은 매우 조심스럽게 스키두를 조종했다. 생각 같아서는 대번에 남극점까지 갈 것 같은데 웬일인지 캡틴의 행동이 너무 조심스럽다는 생각이 들었다.

"지난 1911년의 탐험 때도 애를 많이 먹었는데 오늘도 역시 그렇네요. 빙상이라고 해도 곳곳에 숨어 있는 크레바스가 많아요. 조심해야 합니다."

조금씩 스키두의 속력이 빨라지는 것이 어느 정도 크레바스 지역을 빠져나왔는가 싶더니 다시 스키두가 제자리걸음을 걷는 듯했다. 그리고 헤드셋에서 캡틴의 목소리가 들렸다.

"여러분 바깥을 잘 보시기 바랍니다. 신기한 모양의 얼음 덩어리들이 널려 있지요?"

사실이었다. 눈들이 바람에 날리는 상태로 굳어 물결 모양을 이루어 오르락 내리락거렸다. 군데군데 울퉁불퉁한 것이 스키두의 진행을 방해하고 있었다.

"이렇게 강한 바람의 영향으로 눈 표면이 단단해진 지형을 '사스트루기'라고 합니다. 옛날이나 지금이나 나는 이 사스트루기만 보면 진절머리가 납니다. 도무지 대책이 서질 않아요."

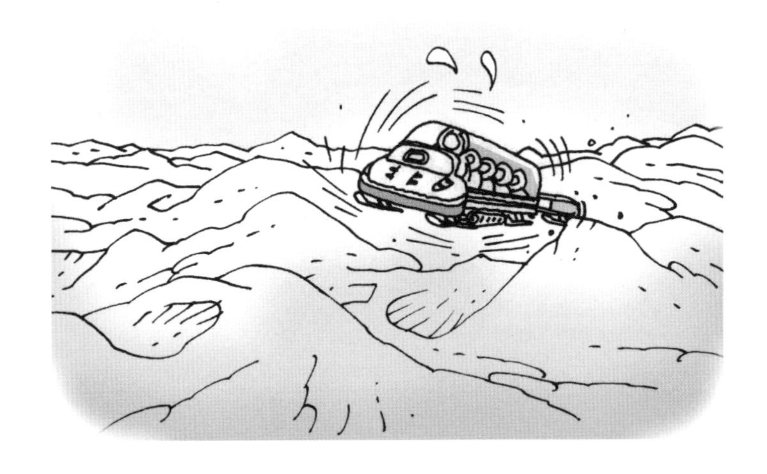

캡틴의 짜증 섞인 볼멘소리가 헤드셋을 통해 들려왔다. 캡틴의 이런 모습은 처음이었다. 하지만 계속되는 스키두의 덜컹거림에 우리는 곧 캡틴의 마음이 이해되었다. 계속 덜컹거리는 것이 언제까지 이어질는지 알 도리가 없었다.

남극 횡단 산지를 지나 남극점까지의 빙원은 곳곳이 크레바스와 사스트루기로 이어졌다. 이런 지형은 남극점을 탐험하는 사람들에게 매우 위험한 것이라고 했다.

시간이 어느 정도 지났을까, 비교적 평탄한 빙원을 달리기 시작했다. 남위 88° 23′ 을 지나자 헤드셋에서 캡틴의 목소리가 들려왔다.

"방금 우리가 통과한 곳은 남극 탐험가 섀클턴(Ernest

Henry Shackleton, 1874~1922)이 1909년 1월 9일 도착한 장소입니다. 비록 그는 170km 정도 남겨 두고 남극점 정복에 실패했지만, 남극 영웅 시대를 빛낸 진정한 영웅 중의 한 사람이었어요."

이번 남극 탐험을 준비하면서 섀클턴의 이야기를 읽은 기억이 났다. 아문센과 스콧이 남극점을 정복하기 전에 가장 남극에 가까이 갔던 사람. 그리고 그의 대원들을 태운 인듀어런스 호가 얼음에 갇혔을 때 작은 보트로 무려 1,400km를 헤치고 사우스조지아 섬까지 탈출하여 모든 대원을 구한 진정한 영웅. 우리는 그 섀클턴이 있었던 자리를 지나가고 있었다.

남위 89.5°를 넘어서고 서서히 남극점에 도달하는 것 같은데 머릿속에는 이해되지 않는 부분이 남아 있었다. 어떻게 남극점을 찾지? 물론 남극점을 정복한 사람들이 꽂아 놓은 깃발을 찾으면 될 테지만, 어떻게 정확히 남위 90°를 알 수 있는 거야? 그것도 온통 하얀 얼음 위에서…….

시간이 조금 지나 스키두는 빙원 한가운데를 빙빙 돌았다. 그러더니 드디어 스키두가 멈춰 섰다. 캡틴의 지시에 따라 우리는 모두 스키두에서 내렸다.

"축하합니다, 여러분은 지금 지구의 가장 남쪽인 남극점에

서게 되었습니다."

스콧은 손에 들고 있던 GPS라고 하는 위성 항법 장치의 액정 화면을 우리에게 보여 주었다.

남극점에 도착했다. 우리는 두 손을 치켜올리고 제자리에서 폴짝폴짝 뛰며 만세를 불렀다. 그리고 가져간 태극기를 꽂았다. 이상한 것은 있어야 할 남극점의 깃발이 보이지 않는다는 것이었다. 하지만 상관없었다. GPS가 가리키고 있으니 정확할 것이라는 확신이 들었다.

"여러분, 이제 우리는 절반의 성공을 거두었습니다. 에번스 곶에서 여기 남극점까지 무사히 왔어요. 절반이라는 것은 아직 돌아가야 하는 길이 남아 있다는 것이지요. 나도 그랬고, 지구의 높은 산을 정복했던 많은 산악인들도 그랬지만 정복하는 것보다 그다음 돌아가는 일이 더 어려운 법이에요."

이어서 캡틴은 한마디 더 덧붙였다.

"무사히 귀환할 때까지 긴장을 풀지 말아요."

캡틴의 말이 귀에 잘 들어오지 않았다. 그냥 '예'라고 대답하고 얼른 카메라를 꺼내어 남극점에 꽂힌 태극기와 그 뒤에 선 우리의 모습을 계속 찍어 댔다.

"잠깐, 여기서 여러분이 알아야 할 것이 있습니다. 우리가 도착한 남극점은 지리적 남극점입니다. 지리적 남극점이란 지구의 좌표로 정확히 남극이라는 뜻이에요. 지리적 남극점 외에도 자기적 남극점이 있어요."

무슨 소리인지 전혀 알 수 없었다. 지리적 남극점은 뭐고 자기적 남극점은 또 뭐란 말인가?

"우리가 남극점을 정복한다고 할 때의 남극점은 지리적 남극점이고, 이는 지도상에서 표시되는 남극점입니다. 그런데

보통 방향을 알기 위해 사용하는 나침반이 가리키는 남쪽과는 사실 큰 차이가 있습니다."

그러면 우리가 서 있는 장소는 나침반의 남쪽이 가리키는 곳이 아니란 말인가? 캡틴의 말을 듣고서야 남극점으로 오면서 의문을 품었던 것이 생각났다. 나침반의 바늘이 남쪽을 가리키는 곳을 따라 오면 남극점에 도달할 수 없는 것일까?

"우리가 나침반을 사용할 수 있는 것은 지구에 자기장이 있기 때문이지요. 간단히 설명하자면 지구 내부에 N극과 S극을 가진 커다란 막대자석이 있다고 할 수 있죠. 지구 내부의 북쪽에 S극, 남쪽에 N극이 들어 있는 거예요.

자석은 서로 다른 극을 잡아당기는 것을 여러분도 알 겁니

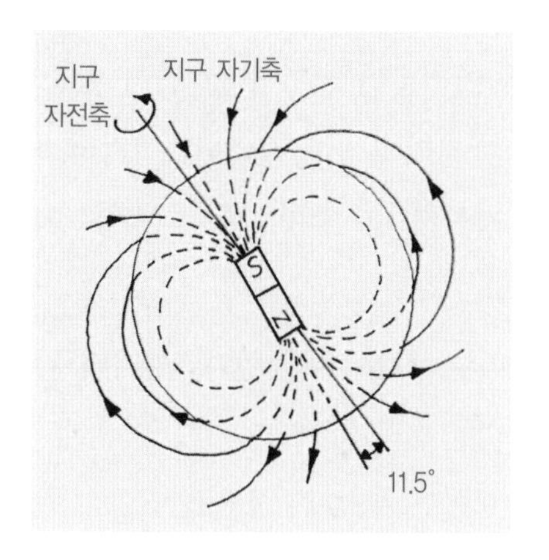

다. 나침반의 S극이 남쪽을 가리키는 것은 지구 내부의 남쪽에 N극이 들어 있기 때문이에요. 그런데 이 지구 내부의 막대자석은 지구의 진짜 극과는 약 11.5° 기울어져 있어요."

캡틴은 종이를 꺼내 동그랗게 지구의 원을 그리고 아래위로 선을 그어 N과 S를 표시했다. 다음 그 내부에 막대자석을 11.5° 기울여 그려 넣었다. 이제야 지도의 남북과 자석의 남북이 다를 수 있다는 것이 이해되었다.

"결국 자기적 남극은 여기가 아니라 멀리 떨어진 곳에 있어요. 그래서 나침반만 가지고는 정확한 지리적 남극을 찾을 수 없는 거예요."

그렇다면 과거 남극점을 탐험하던 사람들은 어떻게 남극점을 찾았을까? 당시에는 GPS도 없었는데……. 의문이 계속되었다.

"나도 그렇고 섀클턴과 아문센도 남극점을 향해 행진할 때 나침반보다는 다른 것에 의존했죠. 육분의나 크로노미터를 사용했습니다. 이 기구들은 태양, 달, 별의 위치로부터 자신의 위치를 알 수 있게 하지요. 당시로서는 이 방법이 남극점을 찾는 가장 효과적인 것이었지요. 하지만 날씨가 흐릴 때는 이 방법 역시 항상 가능하지는 않아요. 조금씩 개선되기는 했지만 2~3km 정도의 오차는 있었답니다."

스콧은 손에 든 GPS를 뚫어지게 바라보며 새로운 기술의 발전에 감동하고 있는 듯했다.

과학자의 비밀노트

육분의(六分儀)—선박이 대양을 항해할 때 태양 · 달 · 별의 고도를 측정하여 현재 위치를 구하는 데 사용하는 기기로, 천체의 고도 외에 산의 고도나 두 점 사이의 수평각을 측정할 때도 사용된다. 육분의란 이름은 원의 6분의 1, 즉 60°의 원호 모양을 한 프레임을 가지고 있는 데서 유래한다.

크로노미터(chronometer)—항해 중인 배가 천체의 높이 및 방위각을 측정하여 얻은 자료에 의해서 배의 위치를 산출할 때 사용하는 정밀한 시계로 태엽을 이용한 것이다.

GPS(위성 항법 장치, global positioning system)—비행기 · 선박 · 자동차뿐만 아니라 세계 어느 곳에서든지 인공위성을 이용하여 자신의 위치를 정확히 알 수 있는 시스템이다.

만화로 본문 읽기

축하합니다, 여러분! 여러분은 지금 지구의 가장 남쪽인 남극점에 서 있습니다.
만세~~!

이 기계는 GPS라고 하는 위성 항법 장치입니다. 여길 보면 이곳이 남극점이라는 것을 알겠죠?
예~!

그런데 여기서 여러분이 알아야 할 것이 있습니다. 우리가 도착한 남극점은 지리적 남극점입니다. 지구의 좌표로 정확히 남극이라는 뜻이죠. 지리적 남극점 외에도 자기적 남극점이 있답니다.
남극점이 또 있다고요?

우리가 남극점을 정복한다고 할 때의 남극점은 지리적 남극점으로 지도상에서 표시되는 남극점입니다. 그런데 보통 방향을 알기 위해 사용하는 나침반이 가리키는 남쪽과는 사실 큰 차이가 있습니다.

우리가 나침반을 사용할 수 있는 것은 지구에 자기장이 있기 때문이에요. 지구 내부에 커다란 막대자석이 있다고 할 수 있는데, 남쪽이 자석의 N극이기 때문에 나침반의 S극이 남쪽을 가리키죠. 그런데 지구 내부의 자석은 진짜 극과 약 11.5° 기울어져 있어요. 그래서 나침반만 가지고는 정확한 지리적 남극을 찾을 수 없어요.

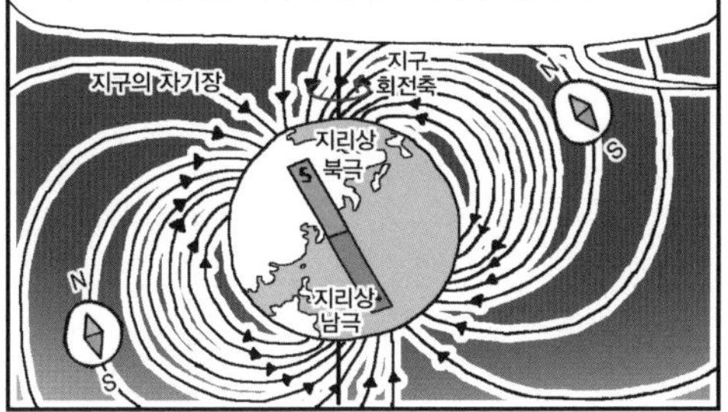

그럼 캡틴은 어떻게 남극점을 찾으셨나요?
나도 그렇고 섀클턴이나 아문센도 남극점을 향해 행진할 때 육분의나 크로노미터를 사용했어요.
이 기구들은 태양, 달, 별의 위치로부터 자신의 위치를 알 수 있지요. 하지만 날씨가 흐릴 때는 이 방법을 이용하는 데 문제가 있기도 했어요.

남극의 암석은 어떻게 특별한가요?

남극의 암석과 화석으로 무엇을 알 수 있을까요?
남극의 암석과 화석으로 남극의 과거를 알아봅시다.

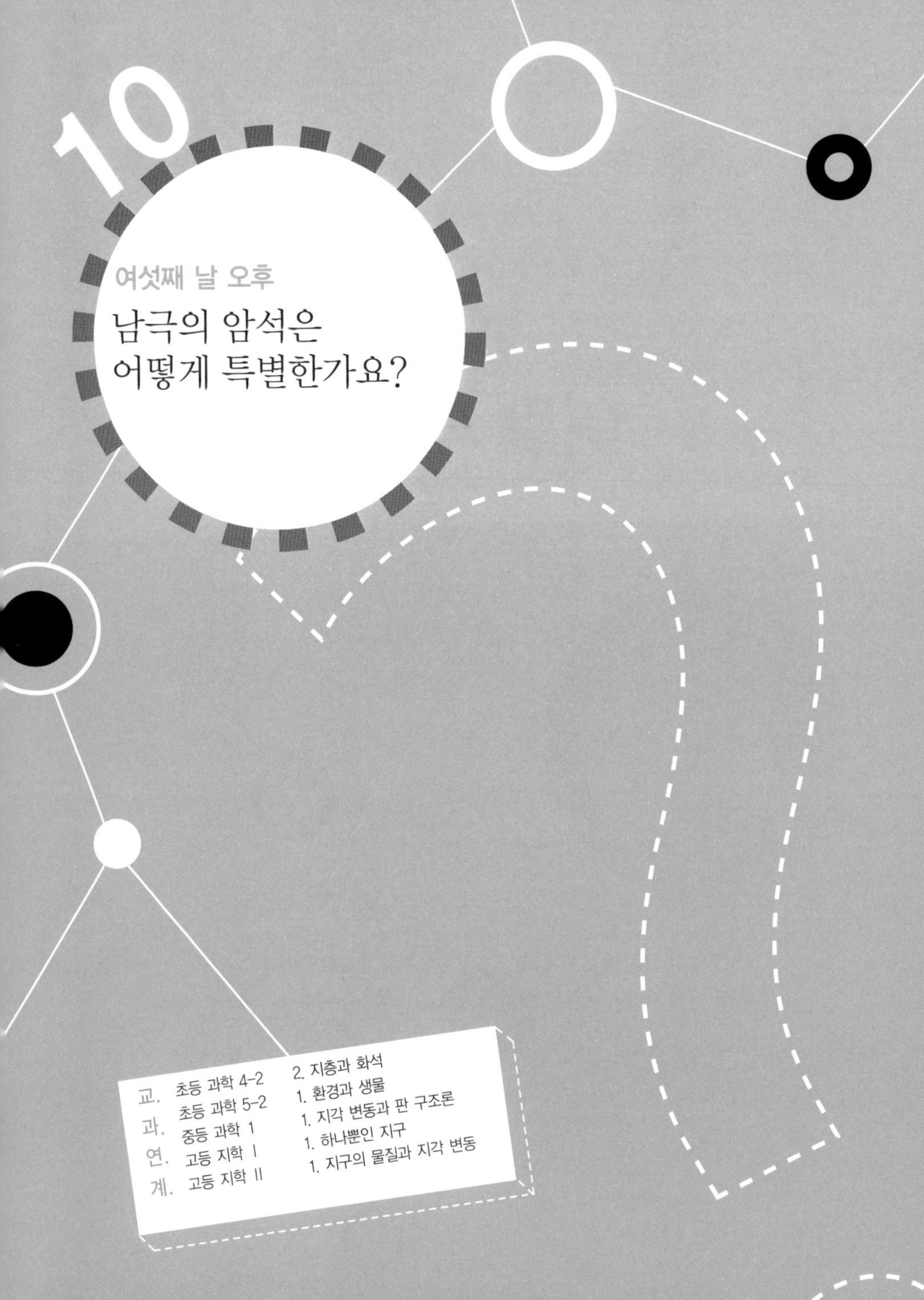

10

여섯째 날 오후

남극의 암석은 어떻게 특별한가요?

교. 과. 연. 계.

초등 과학 4-2	2. 지층과 화석
초등 과학 5-2	1. 환경과 생물
중등 과학 1	1. 지각 변동과 판 구조론
고등 지학 I	1. 하나뿐인 지구
고등 지학 II	1. 지구의 물질과 지각 변동

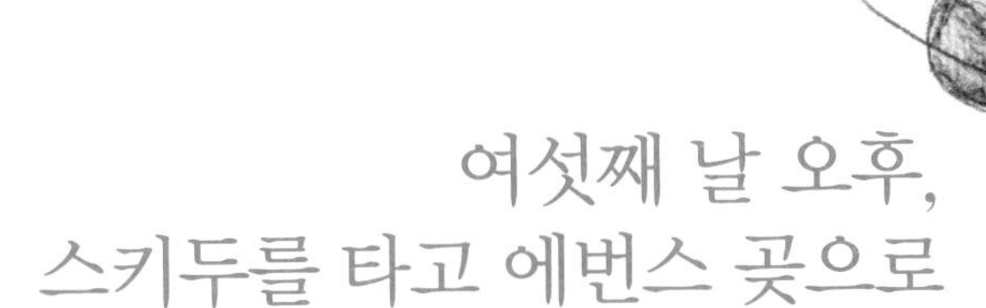

여섯째 날 오후, 스키두를 타고 에번스 곶으로

남극점에서의 감동을 뒤로하고 1,300km 북쪽의 에번스 곶을 향해 스키두를 타고 출발했다. 빙상을 벗어나 남극 횡단 산지에 이르기까지 크레바스와 사스트루기를 지나오면서 우리 모두는 지쳐 있었다.

산맥 자락에 이르러 스키두는 다시 수직으로 이륙하여 산맥과 빙하를 넘기 시작했다. 남극 횡단 산지 역시 많은 부분이 눈과 얼음으로 덮여 있었지만, 그래도 여러 곳에서 암석들이 드러나 있었다. 그중 한 곳에 스키두는 착륙했다.

"여기가 좋겠군요. 예전에 내 탐험대가 남극점에서 귀환할

때 이리로 통과했던 것 같아요."

캡틴 스콧은 드러나 있는 암석들을 이리저리 살피기 시작했다. 남극점까지 갔으니 그냥 왔던 길을 되돌아가면 될 텐데, 여기서 시간을 낭비할 까닭이 무엇인지 궁금했다.

"전에도 말한 적이 있었지요? 이번 탐험의 목적은 단순히 남극점을 정복하는 것이 아닙니다. 남극과 지구의 관계를 밝히는 것도 또 하나의 중요한 목적이에요. 1911년의 탐험대도 마찬가지의 목적을 가지고 있었고요."

캡틴 스콧은 배낭에서 조그만 망치 하나를 꺼내어 암석들을 두드려 보기 시작했다. 그리고 우리에게 깨져 나온 조각들을 손으로 만져 보라고 했다.

새까맣게 보이는 암석 조각을 손으로 만지자 미끈거리면서 손가락에 까만 가루들이 묻어나왔다. 그리고 어느새 손바닥이 시커멓게 더러워졌다.

"여러분 이 암석이 무엇인지 알겠어요?"

물론 알 도리가 전혀 없다. 하지만 손에 묻어나오는 까만 가루로 봐서는 숯처럼 보이기는 했다.

"모두 처음 보는 것 같군요. 이것이 바로 석탄이랍니다."

석탄이라니, 어떻게 남극 땅에 석탄이 있지? 남극은 그저 얼음이 덮여 있고, 아주 일부에만 단단한 암석이 있는 것으로 아는데 남극 땅에 석탄이 묻혀 있다니……. 의문이 꼬리에 꼬리를 물었다.

"그래요, 남극에 석탄이 묻혀 있어요. 신기하지요?"

어리둥절해하는 우리를 보고 캡틴은 살포시 웃었다.

"남극에는 아주 오래된 땅도 있고, 또 비교적 새롭게 만들

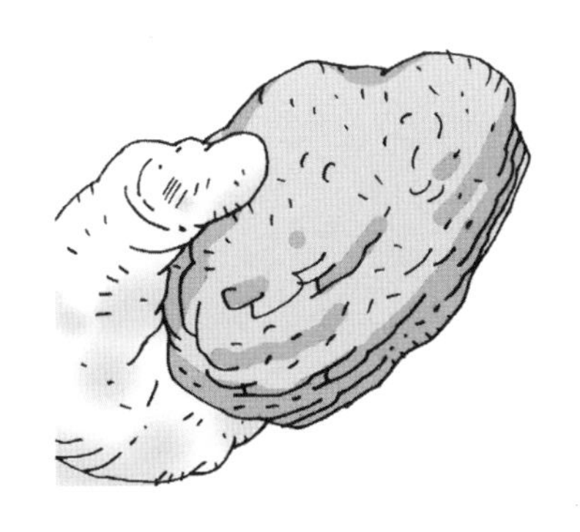

어진 땅도 있어요. 이 횡단 산지의 석탄층은 3억 년 전쯤에 만들어진 땅으로, 그리 오래되진 않았답니다."

3억 년이 오래되지 않았다면, 얼마가 오래된 것일까 궁금했다.

"아주 오래된 땅은 나이가 수십 억 년이나 됩니다. 그 땅은 남극점 너머 동남극의 해안에서 주로 발견되지요. 그에 비하면 3억 년 정도는 젊은 편이랍니다."

캡틴 스콧의 웃음 섞인 설명에 아직 어리둥절하지만 '지구 나이 46억 년에 비하면 3억 년은 젊다면 젊은 것이겠지'라고 생각했다.

석탄을 발견한 장소에서 그리 멀지 않은 곳에서 다시 캡틴 스콧은 망치로 암석을 두들겼다. 그리고 우리에게 손바닥만 한 암석의 표면을 보여 주었다. 그런데 신기하게도 그 표면

에 나뭇잎 같은 모양이 뚜렷하게 새겨져 있었다.

"이것이 무엇인지 짐작할 수 있겠어요?"

혹시 화석이 아니냐고 대답하자 캡틴은 고개를 끄덕였다.

"맞아요. 나뭇잎 화석이에요. 오래전에 이곳에 살던 식물들이 땅에 묻혀 화석이 되었다는 증거랍니다."

너무 신기했다. 얼어붙은 남극 땅에서 석탄이 나오고, 식물의 화석이 나오다니……. 우리는 눈이 휘둥그레졌다.

"그런데 여기에서 석탄과 식물 화석이 발견된다는 것은 아주 중요한 의미가 있습니다. 그것은 이것들이 과거 남극에 아주 따뜻한 기후가 있었다는 증거가 되기 때문입니다."

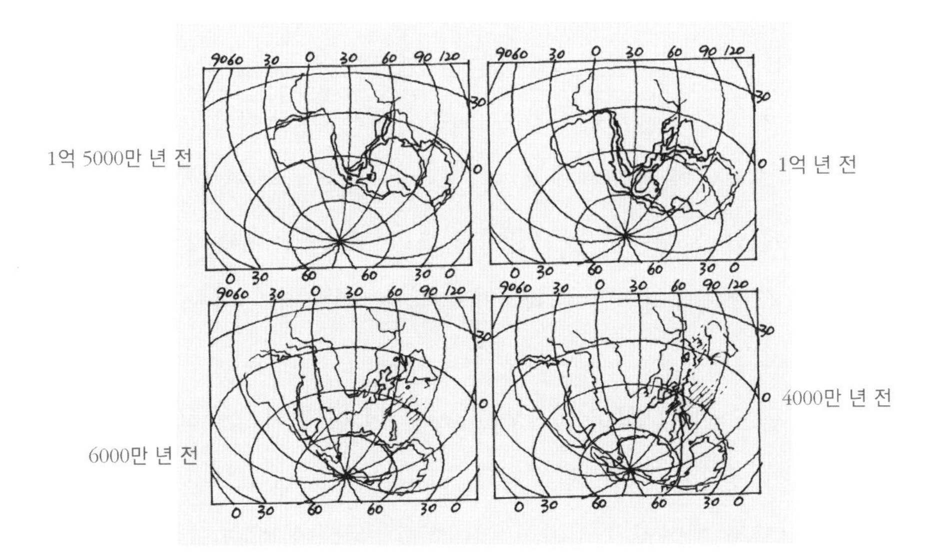

남극에 따뜻한 시절이 있었다면 지금 두껍게 쌓여 있는 얼음이 만들어지기 전에 이곳의 기후가 따뜻했다는 의미일까?

"남극이 따뜻했을 무렵에 남극 대륙은 바로 이 장소에 있지는 않았습니다."

캡틴 스콧은 배낭에서 여러 장의 지도를 꺼내 펼쳤다. 세계 지도 같은데 모양이 지금의 지도와는 완전히 달랐다.

"과거에 지구가 하나의 초대륙으로 모여 있었다는 얘기는 전에 했었지요? 여러분이 보고 있는 이 지도는 과거 1억 5000만 년 전부터 지금까지 여러 대륙이 이동한 모습이 그려져 있습니다. 어떻습니까? 지금의 세계 지도와는 모습이 전혀 다르지요?

전에 말한 대로 1억 5000만 년 전까지 지구에는 아주 커다란 초대륙이 존재했었지요. 과학자들은 이 초대륙을 곤드와나 대륙이라고 부른다고 했습니다. 이 초대륙의 남쪽 중심부에 남극 대륙이 위치합니다. 그리고 남극 대륙의 이웃에는 오스트레일리아 대륙, 인도 대륙, 아프리카 대륙이 있었습니다.

이 곤드와나 대륙은 약 4억 2000만 년 전에 여러 대륙들이 모여서 만들어졌다고 생각해요. 그러다 1억 5000만 년 전부터 서서히 떨어지기 시작한 것이지요. 이때만 해도 남극 대륙의 중심은 남위 30° 부근에 있었습니다."

여러 장의 지도는 처음에 하나의 커다란 대륙을 이루던 것들이 서서히 떨어져 나가는 모양을 나타내고 있었다. 하나하나의 그림에는 시간이 기록되어 있는데, 과거에서 현재를 향해 대륙들의 이동 모습이 그려져 있었다.

"곤드와나 대륙은 계속 떨어졌고, 남극 대륙의 이웃들은 모두 남극 대륙과 멀어졌습니다. 그리고 남극 대륙은 남쪽으로 이동하여 지구의 가장 남쪽에 남아 있게 된 것입니다.

과거에 대륙 이동이 어떻게 일어났는가를 조사하는 것은 지구 과학자들의 몫입니다. 지금까지 알려진 것은 곤드와나 대륙에서 이동을 시작한 남극 대륙의 중심부는 약 1억 년 전에는 남위 40° 부근에, 그리고 약 6000만 년 전에는 남위 80°까지 내려왔다는 것입니다. 그 후로도 조금씩 움직여 현재의 위치에 도착한 것이지요."

그러니까 지금 우리가 서 있는 남극 대륙은 오랜 옛날에는 여기에 있지 않았다는 얘기였다. 그런데 남극 대륙이 이동을 했다면, 앞으로도 계속 이동해야 하지 않을까? 아니면 남극 대륙은 지금처럼 지구의 남쪽 끝에 영원히 머무르게 되는 것일까? 그리고 지금도 대륙이 이동하고 있다면 그 사실을 어떻게 알 수 있을까? 많은 의문이 생겼고, 이 의문들은 이어진

캡틴의 설명으로 풀렸다.

"그러면 남극 대륙이 언제까지 현재의 장소에 머무르게 될까요? 과학자들은 여러 가지 방법으로 대륙들의 이동 방향과 속도를 계산해 냅니다. 쉬운 예를 들자면, 최근에 아주 유용하게 사용되고 있는 GPS가 있죠. 지구 위의 두 지점에서 시간에 따라 변화하는 위치를 추적하면 두 지점이 어느 정도의 속도로 어떤 방향으로 움직이는지를 알 수 있습니다.

만약 두 지점 중 한 지점이 전혀 움직이지 않는 고정된 점이라면 다른 한 지점의 이동 방향과 속도를 정확하게 계산할 수 있는 것입니다. 지구상에는 많지는 않지만 움직이지 않는 고정점이 있는데, 그중에 열점이라는 것이 있습니다. 열점은 마그마가 분출되는 지점으로서, 맨틀 심부에 고정되어 있습니다.

현재 남극 대륙은 거의 움직이지 않는다고 볼 수 있어요. 1년에 고작해야 1cm도 움직이지 않거든요. 하지만 남극 주변의 대륙들은 좀 더 빠른 속도로 움직이고 있답니다. 과학자들은 오랜 세월이 흐른 다음 지구의 대륙들이 다시 한 자리에 모일 것이라고 예상하기도 합니다. 적어도 2억 년 이상의 시간이 필요하지만요."

와, 아주 긴 시간이 필요하지만 다시 대륙이 모인단다. 또 초대륙이 생긴단다. 우리는 먼 미래에 지구에 나타날 초대륙을 마음속으로 그려 보며 흥분에 휩싸였다.

"오늘 우리가 여기서 발견한 석탄과 식물 화석이야말로 남극 대륙에도 따뜻했던 시절이 있었다는 것을 얘기해 주는 아주 중요한 증거들입니다. 석탄은 오랜 옛날 남극에도 울창한 나무들이 있었다는 것을 얘기해 주고 있어요. 이 나무들이 죽어서 땅에 묻히고, 오랜 세월이 흐르면 나무의 유기물이 전부 무기질의 탄소로 변하게 되는데 이것이 바로 석탄인 것입니다.

그리고 화석이란 그 땅에 오래전에 살았던 생물들의 흔적입니다. 여기 말고도 남극의 다른 여러 곳에서 동식물들의 화석이 발견됩니다. 남극에서 발견되는 동물의 뼈와 식물의 잎은 과거에 남극에도 많은 생물들이 살았다는 것을 얘기해 주는 것입니다. 지금과는 아주 다른 환경에서 말이지요. 여러분이 좋아하는 공룡의 화석도 남극에서 발견됩니다."

공룡도 남극에서 살았다고?

"정말이에요. 1991년 미국의 탐험대가 남극 대륙에서 공룡 화석을 처음 발견했어요. 신체 여러 부분에 해당하는 뼈 화석인데 적어도 4종류의 공룡 뼈라고 생각하고 있지요.

과거에 남극 대륙은 기후가 따뜻했으며 울창한 숲이 있었

고, 그리고 공룡과 많은 동물들이 숲을 거닐었겠지요. 그러다 남극 대륙은 서서히 기후가 변해 지금과 같은 얼어붙은 땅이 된 것입니다. 생물이 살기에 아주 힘든 환경으로 변한 것이지요. 하지만 세월이 많이 흘러 아주 먼 미래가 되면, 이 땅에 다시 식물이 번성하고 동물들이 뛰놀 수 있는 환경으로 변할 수도 있습니다."

암석으로부터 채취된 석탄과 식물의 나뭇잎 화석을 조심스럽게 비닐 주머니에 넣었다. 캡틴은 우리에게 석탄과 화석 시료에 번호를 매기고 대략적인 모양과 크기를 기록하라고 했다. 이렇게 남극에서의 두 번째 과학적 시료가 채집되었다.

"지구의 땅은 붙었다 떨어졌다를 반복하면서 많은 생물들을 잉태하기도 하고 멸종시키기도 했습니다. 지구의 놀라운 역사 속에 남극은 지금 가장 어렵고 독특한 환경을 묵묵히 보존해 가고 있는 것입니다."

캡틴의 목소리는 우리가 지금 왜 남극에 왔는지를 다시금 깨닫게 해 주었다.

스키두가 남극 횡단 산지와 빙하 지역을 서서히 내려가는 동안 우리는 석탄과 화석, 그리고 그 옛날 남극이 푸르렀던 시절에 여기저기서 놀고 있던 공룡을 생각하며 흥분을 가라앉힐 수 없었다.

만화로 본문 읽기

여러분 이 암석들이 무엇인지 알겠어요? 하나는 석탄이고, 하나는 나뭇잎 화석이에요.
정말이요?

석탄과 식물 화석이 발견되었다는 것은 과거 남극에 따뜻한 기후가 있었다는 증거예요.
남극은 그저 얼음이 덮여 있는 땅이 아니었군요.

과거 여러 대륙이 이동한 모습이 그려진 이 지도를 보세요. 지금과는 전혀 다르지요? 남극이 따뜻했을 무렵에 남극 대륙은 바로 이곳에 있지 않았답니다.

1억 5000만 년 전까지 지구에 곤드와나라는 초대륙이 존재했었지요. 그러다가 서서히 떨어지기 시작한 것이랍니다.
로라시아
곤드와나

남극 대륙의 이웃들은 모두 남극 대륙과 계속 멀어지고 남극 대륙은 남쪽으로 이동하여 지구의 가장 남쪽인 현재의 위치에 도착한 것이죠.
그러면 남극 대륙이 지금도 계속 이동하고 있나요?
남극 대륙의 이동
초기 백악기
현재

현재 남극 대륙은 1년에 1cm도 움직이지 않지만, 남극 주변 대륙들은 조금씩 움직이고 있지요. 과학자들은 2억 년이 지나면 대륙들이 다시 모일 것이라고 예상하기도 합니다.
우아, 그럼 그때 다시 초대륙이 생기겠네요.

일 곱 째 날 11

남극 체험을 마치다

스콧의 기억을 가슴에 묻으며…….

11

일곱째 날

남극 체험을 마치다

교과연계	
초등 과학 4-2	2. 지층과 화석

일곱째 날,
체험실로 돌아오다.

지난밤은 하루 전에 묵었던 남극 횡단 산지와 로스 빙붕이 만나는 장소에 텐트를 쳤다. 너무 피곤해 침낭 속에 들어가자마자 긴 잠에 빠져들었다.

몽롱한 상태로 참가자들은 모두 캡슐을 타고 하늘을 날고 있다. 아래로 에번스 곶의 오두막이 보이고 펭귄과 해표 무리도 보인다. 남극에서 한국으로 되돌아가고 있는 것이다. 그런데 잊어버린 것이 있었다. 귀중한 얼음 시료와 석탄과 식물 화석 시료를 가지고 오지 않은 것이다.

"제 말이 들립니까?"

캡틴 스콧의 목소리가 은은하게 들려왔다. 그런데 무언가 이상한 느낌이 들었다.

우리는 지금 캄캄한 공간 속에 앉아 있다. 이 공간의 한가운데 조그만 빛이 있을 뿐이다. 내가 있는 곳이 체험실이라는 것을 깨닫는 데는 그리 시간이 오래 걸리지 않았다.

"지난 일주일간 여러분과 함께한 남극 탐험은 매우 즐거웠습니다. 여러분도 즐거웠기를 바랍니다. 그리고 남극에서 얻은 귀중한 교훈을 소중하게 간직하기 바랍니다."

캡틴의 목소리는 또렷하게 들렸지만 눈에 보이는 건 레이저 광선으로 나타난 형상뿐이었다.

"나는 무엇보다 이번 탐험이 성공적이었으며, 무사히 귀환하게 된 것을 기쁘게 생각합니다. 남극에서 깨달은 과학적 사실들이 지구를 이해하는 데 도움이 되기를 바랍니다. 부디 소중한 지구를 앞으로 잘 지켜 주기 바랍니다."

우리는 손을 저으며 사라져 가는 캡틴 스콧의 모습을 한동안 멍하게 바라볼 뿐이었다. 체험실 내의 전등이 켜지고 처음 우리를 이곳으로 안내했던 사람이 나타났다.

"좋은 체험이 되셨습니까? 몇 시간 동안의 체험이었지만, 많은 경험을 했을 겁니다."

몇 시간이라니……. 꼬박 일주일 동안 남극을 배우고 남극에 다녀왔는데……. 그것도 캡틴 스콧과 함께.

안내자는 빙긋이 웃으며 우리를 바깥으로 인도했다. 체험실에서 밖으로 나가는 통로에는 여러 가지 남극의 시료가 진열되어 있었다. 그런데 한 진열장 안에는 남극 횡단 산맥을 지나오면서 채집했던 것과 똑같은 석탄과 식물 화석의 시료가 들어 있었다. 또 다른 진열장에는 빙상 위에서 채취했던 얼음 시료와 똑같은 것이 놓여 있었다. 지금 내가 또 다른 꿈을 꾸고 있는 것인가?

며칠 뒤 나는 극지연구소로부터 도착한 우편물 하나를 받았다. 사진이었다. 남극점에 휘날리는 태극기 앞에 있는 체험 참가자 네 명이 V자를 그리며 찍은 사진이었다. 분명 캡틴 스콧도 함께 찍었는데 캡틴의 모습은 보이지 않았다.

부 록

남극에 대해 자주 묻는 질문

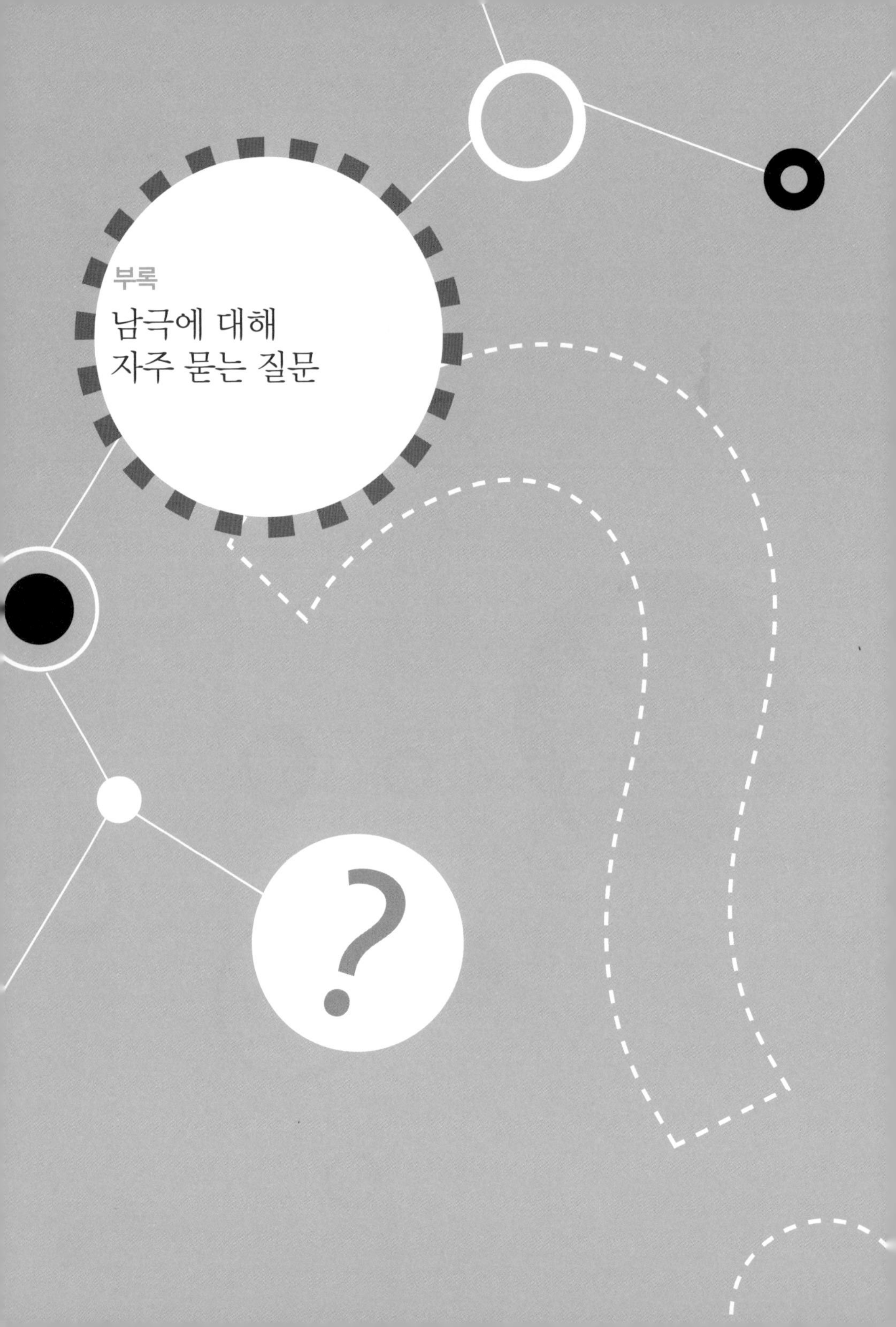

부록

남극에 대해 자주 묻는 질문

스콧, 대답해 주세요!

남극은 얼마나 멀어요?

남극은 남반구의 가장 남쪽에 위치하고 있어요. 남극에서 가장 가까운 육지라고 해도 남아메리카까지 1,000km, 오스트레일리아까지 2,500km, 남아프리카까지 4,000km가량 떨어져 있어요. 남극 세종과학기지에서 서울까지는 얼마나 떨어져 있을까요? 무려 17,240km나 멀리 있답니다. 이것은 서울-부산 거리의 40배에 이른답니다. 무척 멀지요?

남극점은 어디에 있어요?

남극점은 남극 대륙 내부인 고도 2,800m의 거대한 빙상 위에 있어요. 가장 가까운 해안으로부터도 1,230km나 떨어져 있지요. 남극점의 얼음은 매년 10m 정도씩 움직이기 때문에 남극점 기지의 사람들은 남극점의 깃발을 얼음이 움직이는 것에 따라 매년 옮겨 놓아야 해요.

남극을 왜 사막에 비유하나요?

사막은 연간 강수량이 254mm보다 적은 곳을 말해요. 참고로 한국의 연간 강수량은 해마다 차이는 있지만 1,300mm 내외입니다. 남극에는 비 대신 눈이 내리지요. 이 눈의 양을 강수량으로 계산하면 대륙 내부에서는 연간 50mm 정도로 사하라 사막보다도 적어요. 남극의 해안가에서는 강수량이 200mm 정도까지 증가하지만, 그래도 254mm보다 적지요. 이 때문에 남극을 사막에 비유한답니다.

남극이 사막과 같은 곳이라면 왜 두꺼운 얼음이 계속 존재하나요?

남극의 환경이 사막과 같은 곳이라 해도 우리가 아는 일반적인 사막과는 다릅니다. 가장 큰 차이는 남극에서는 뜨거운 모래사막과 달리 매우 춥기 때문에 증발이 거의 일어나지 않아요. 쌓인 눈이 증발로 없어지지 않는다는 뜻이에요. 그래서 오랜 기간 동안 두꺼운 얼음이 형성된 것이지요.

남극에서 가장 건조한 장소는 어디인가요?

남극의 춥고 건조한 환경은 드라이 밸리라는 특이한 지형을 만들어 놓았지요. 드라이 밸리는 마치 화성의 환경과 비슷하다고 해서 거기서 화성 탐사를 위한 바이킹 계획을 시험하기도 했어요. 드라이 밸리에는 최소한 200만 년 동안 눈이 내리지 않았던 것으로 알려지고 있어요.

남극이 왜 북극보다 추운가요?

세 가지 이유가 있어요.

첫 번째 이유는, 북극은 대부분이 바다이기 때문이지요. 바닷물은 약 –2℃에서 얼게 됩니다. 얼지 않을 때의 바다는 이 온도보다 높겠지요? 하지만 북극의 바다가 두껍게 얼어 버렸다 해도 얼음 아래의 물은 북극의 온도를 남극보다 높게 유지하는 구실을 한답니다.

두 번째 이유는, 남극은 두꺼운 대륙 빙상으로 덮여 있기 때문이에요. 남극의 평균 고도는 2,300m이고 가장 높은 곳은 4,000m나 돼요. 100m 올라가면 기온이 약 1℃씩 떨어집니다. 그래서 남극 대륙은 평균적으로 얼어붙은 해안보다 약 20℃나 낮은 기온이 되겠지요.

세 번째 이유는, 남극 대륙은 세계에서 가장 차가운 해류인 남극 환류에 둘러싸여 고립되어 있기 때문이에요. 남극 환류는 적도로부터 남극 대륙 쪽으로 흐르는 따뜻한 물을 차단해 남극을 더욱 차가운 곳으로 만든답니다.

겨울에 남극 바다가 얼면 어떻게 되나요?

남극에 겨울이 시작되면 바다가 얼어 해빙을 만들게 됩니다. 하루에 무려 10만 km^{2}씩 넓어져 남극 대륙 주변 바다가 엄청난 얼음으로 덮이게 되지요. 해빙의 면적만 해도 한반도의 60배 가까이 됩니다. 하지만 봄을 지나 여름이 되면 이 얼음도 모두 녹게 됩니다.

남극에는 어떤 식물이 있나요?

남극에는 나무가 없어요. 다만 남극 잔디를 포함해 두 종류의 꽃이 피는 식물이 남극 반도 지역에 있을 뿐입니다. 꽃이라 해도 너무 작아 확대경으로 보아야 보일 정도예요. 남극에 있는 대부분의 식물은 이끼류나 선태 식물이에요. 이끼류는 햇빛이 비치는 바위 표면 바로 아래 틈새에서 생장한답니다.

남극 대륙의 안쪽에는 어떤 육상 동물이 있나요?

남극 대륙 주변에는 해표와 펭귄 같은 해양 동물이 살아요. 그런데 대륙의 안쪽에 사는 육상 동물은 곤충입니다. 그것도 크기가 1.3cm보다 작은 날지 못하는 작은 곤충이랍니다. '벨기카 안타르크티카(Belgica Antarctica)'라는 이름의 이 곤충은 마치 벼룩처럼 뛰어다니는데 주로 펭귄 마을 주변에 나타나지요.

남극에서 운석이 발견된다고 하던데요?

맞습니다. 남극은 지구 바깥에서 지구로 떨어지는 운석을 발견하기 가장 좋은 장소입니다. 하얀 빙원 위에 떨어진 검은색의 운석은 쉽게 눈에 띄기 때문이지요. 얼음 위에 떨어져 있던 운석이 얼음과 함께 흘러가면 어떤 장소에서는 운석이 무더기로 나타나기도 합니다. 남극에서 발견된 운석을 '남극 운석'이라고 부릅니다.

남극에도 쓰레기 수거차가 있나요?

남극의 과학 기지들은 환경 보호에 앞장서고 있습니다. 대개 기지에는 겨울에 15명 정도, 여름에는 수십 명 정도가 머물게 되지요. 모든 쓰레기들은 종류별로 나누어 모아 두었다가 보급선이 오면 남극 바깥으로 실어 나르게 됩니다. 남극에는 쓰레기 수거차가 필요 없어요.

어린이도 남극에 갈 수 있나요?

나라마다 남극에서 활동하는 여러 가지 프로그램을 가지고 있습니다. 남극 체험 프로그램이 있는 경우에 선발된 어린이들이 남극에 갈 수도 있겠지만 아직은 어려운 실정이에요. 한국의 경우 몇몇 청소년들이 세종과학기지를 방문한 적이 있습니다. 하지만 남극에 가려면 남극에서 무엇을 보고 배울 것인지 뚜렷한 목적이 있어야겠지요.

남극에서 어떤 일을 하고 있나요?

남극 기지들은 과학 연구를 위해 지어졌기 때문에 거기서 하는 일은 연구와 연구를 보조하는 일입니다. 과학적 연구로는 생물학, 기상학, 지질학, 해양학, 빙하학과 같은 연구를 해요. 보조하는 일로는 통신, 기계, 전기, 요리, 의료 등과 같은 일을 하지요.

남극 조약이 무엇인가요?

세계의 선진 과학국들은 남극의 풍부한 자원과 자연 환경의 실험장으로서의 중요성을 인식하여 1959년에 '남극 조약'을 맺었습니다. 남극 조약 기본 정신은 남극 환경과 주변 생태계를 보호하고, 남극을 평화적인 목적으로만 이용하자는 것이에요. 남극을 보존하는 것이 인류 전체의 이익이 된다는 뜻이지요. 한국은 1986년에 세계에서 33번째로 남극 조약에 가입했습니다.

남극에는 몇 나라의 기지가 있으며, 한국의 기지는 어디에 있나요?

현재 남극에는 18개국에서 모두 45개의 상설 과학 기지를 운영하고 있습니다. 한국의 세종과학기지는 서남극 사우스 셰틀랜드 제도의 킹조지 섬(남위 62°13′23″, 서경 58°47′21″)에 위치하며 1988년 2월에 설치되었어요. 그런데 최근 남극 대륙에 또 하나의 한국 기지를 만들기 위해 노력하고 있습니다. 여러분이 과학자가 될 무렵이면 한국의 자랑스러운 대륙 기지에서 연구할 수도 있을 겁니다.

한국의 남극 과학자들과 대화할 수 있나요?

한국의 남극 과학자들은 주로 극지연구소에서 연구하면서 남극의 여름(우리의 겨울) 동안 남극의 여기저기에서 조사 활동을 벌이지요. 어떤 과학자들은 1년 동안 세종과학기지에 머무르면서 연구를 하기도 한답니다. 그 사람들과의 대화는 인터넷으로 가능해요. 한국 극지연구소의 웹 사이트 주소는 www.kopri.re.kr입니다. 꼭 한번 방문해 보기 바랍니다.

과학자 소개

남극 탐험을 지휘한 스콧Robert Falcon Scott, 1868~1912

영국 데번포트에서 태어난 스콧은 1882년 해군에 입대하였으며, 1901~1904년 디스커버리 호를 타고 남극 탐험을 지휘하였습니다. 이때 킹 에드워드 7세 랜드를 발견하여 남쪽 도달 기록인 남위 82° 17′ 을 기록하였습니다.

1910년 테라노바 호에 의한 제2차 남극 탐험에 나서서 1912년 1월 18일 남극점에 도달하였습니다. 그러나 남극점은 1911년 12월 14일 노르웨이의 아문센이 먼저 도달하였기 때문에 첫 정복의 목표는 깨졌습니다. 스콧과 4명의 동행자는 귀로에 악천후로 조난당하여 식량 부족과 동상으로 전원 비명의 최후를 마쳤습니다.

그의 유해와 일기 등은 1912년 11월 12일에 발견되었습니다. 스콧의 일기에는 1911년 초, 탐험대가 남극 생활을 시작하던 때로부터 1912년 3월 29일 조난으로 사망하기까지의 과정이 생생하게 담겨 있습니다.

스콧은 경쟁보다 도전을, 정복보다 탐사를 우선하였으며 마지막까지 용기를 잃지 않고 영국 신사다운 최후를 마친 것이 알려져 국민적 영웅이 되었습니다.

저서로는 《탐험 항해기》(2권, 1905)와 《스콧, 최후의 원정》(1913)이 있습니다.

과학 연대표

언제, 무슨 일이?

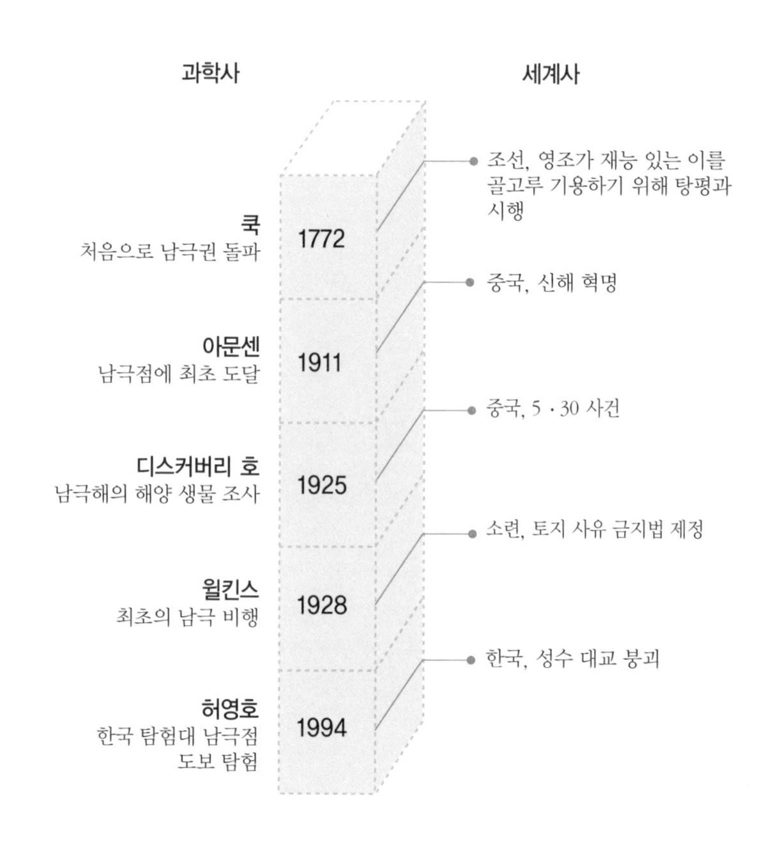

과학사
세계사
조선, 영조가 재능 있는 이를 골고루 기용하기 위해 탕평과 시행
쿡
처음으로 남극권 돌파
1772
중국, 신해 혁명
아문센
남극점에 최초 도달
1911
중국, 5 · 30 사건
디스커버리 호
남극해의 해양 생물 조사
1925
소련, 토지 사유 금지법 제정
윌킨스
최초의 남극 비행
1928
한국, 성수 대교 붕괴
허영호
한국 탐험대 남극점 도보 탐험
1994

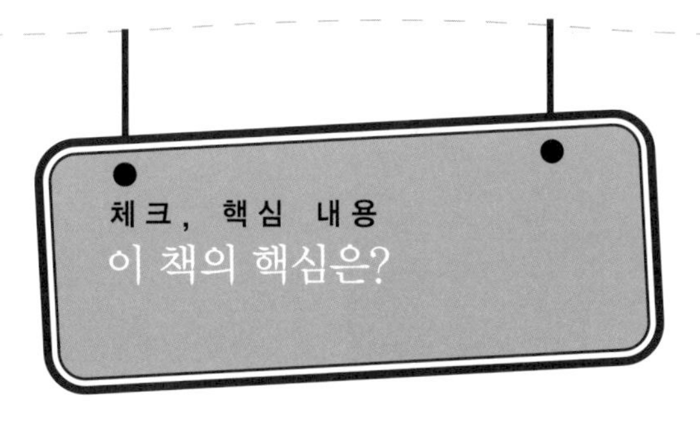

1. 남극 대륙을 덮고 있는 두꺼운 얼음 덩어리를 □□ 이라고 부르는데, 이것은 지구에서 가장 큰 얼음 덩어리입니다.
2. 빙상이 바다 쪽으로 흐르게 되면, 빙하가 흐르는 방향과 수직 방향으로 크고 작은 깨진 틈이 생기게 되는데, 이 틈이 크랙이나 □□□□ 로 불리는 지형입니다.
3. 남극의 공기는 아주 차가워서 수증기가 얼음 결정으로 존재합니다. 햇빛이 공기 중의 얼음 결정을 투과하기도 하고 반사하기도 하면서 여러 가지 모양을 만들어 내는데, 이 중 하나가 여러 개의 고리 모양으로 나타나는 □□ 현상입니다.
4. 태양에서 오는 전자들이 지구의 극 쪽으로 들어오면서 대기 중의 입자들과 충돌하여 만들어지는 전기적인 현상을 □□□ 라고 합니다.
5. 1991년 미국의 탐험대가 남극 대륙에서 처음으로 □□ 화석을 발견하였습니다.

1. 빙상 2. 크레바스 3. 환일 4. 오로라 5. 공룡

이슈, 현대 과학

남극에서 과학자들은 무엇을 연구할까?

탐험가들뿐만 아니라 과학자들에게도 남극은 미지의 대상이자 연구해야 할 목표로 각광받고 있습니다. 실제로 과학자들은 1957년 7월 1일부터 1958년 12월 31일까지 국제 공동 연구 프로그램으로 지속된 '국제 지구물리의 해(IGY)' 이후, 본격적인 극지 연구에 뛰어들어 많은 연구 성과를 내놓았습니다.

과학자들이 남극에서 가장 탐내는 것은 빙하입니다. 특히 오래된 빙하일수록 더 가치가 높습니다. 남극의 빙하 속 얼음은 물이 언 것이 아니라 눈이 다져져서 만들어졌습니다. 이 때문에 얼음 속에는 눈이 쌓일 당시의 공기가 보존돼 있고, 이 공기를 분석하면 당시의 기후를 알 수 있습니다.

동남극 내륙 고원 지대에 있는 러시아의 보스토크 기지에서는 1970년대부터 1998년 1월까지 20여 년에 걸쳐 얼음에

3,623m의 구멍을 뚫는 데 성공했습니다. 이때 얻은 얼음은 무려 42만 년 전의 것으로, 과학자들은 이를 분석해 지구에 10만 년 주기로 네 번의 빙하기와 간빙기가 있었다는 사실을 밝혀냈습니다.

남극점이 지구의 남쪽 끝에 있다는 것도 중요한 점입니다. 6개월 동안 밤이나 낮이 계속되기 때문에 태양을 연구하는 사람들은 6개월간의 낮 동안 태양을 관측할 수 있고, 겨울철의 밤 동안에는 천문학자들이 천체들을 연구할 수 있습니다.

무엇보다 과학자들은 극지 연구의 중요성으로, 극지의 환경 변화가 문명 세계에 직접적으로 영향을 미친다는 점을 꼽습니다. 남극해의 기후나 해류 변화는 남반구를 거쳐 전 세계에 영향을 미칩니다. 몇 년 전 있었던 남극의 한파에 브라질의 커피나무가 모조리 얼어 죽었던 일이 대표적인 예입니다. 남극해의 해류 변화는 적도 갈라파고스 근해까지 움직이고, 이는 다시 북반구로 영향을 미칩니다.

이처럼 남극은 과학적으로 연구할 가치가 뛰어난 곳입니다. 현재 우리나라에서도 1987년 이후로 세종과학기지와 남극 대륙 기지를 설립하며 남극에 대한 연구를 진행하고 있습니다.

찾아보기

어디에 어떤 내용이?

ㄱ

곤드와나 대륙 31, 82, 144

기후 변화 104

ㄴ

남극 수렴선 18

남극 조약 17

남극 환류 82

남극 횡단 산지 81

남극해 16, 87

ㄷ

도둑갈매기(스쿠아) 61

디셉션 섬 44

ㄹ

로스 빙붕 71, 81

ㅁ

만년설 85

ㅂ

백야 현상 54

비어드모어 빙하 99

빙붕 47, 84, 87

빙산 87

빙상 84

빙하 얼음 85

ㅅ

사스트루기 127

쇄빙선 89

스키두 47

ㅇ

아남극 18
아문센 53
앨버트로스 68
얼음 시추 코어 104
에러버스 화산 42
열점 146
오로라 124
오존 구멍 115
오존층 파괴 113
윌슨 56

ㅈ

자기적 남극점 121
지리적 남극점 121

ㅊ

초대륙 31, 144

ㅋ

카타바틱 바람(극지풍) 90
크레바스 100

ㅍ

펭귄 58
펭귄 루커리 59

ㅎ

해류 82
해빙 88
해표 62
화석 147
환일 현상 117
황제펭귄 58